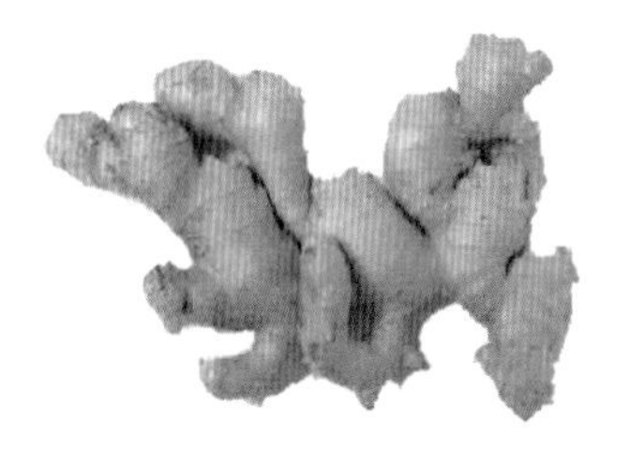

彩图 1　疏苗型生姜

彩图 2　密苗型生姜

彩图 3　莱芜大姜

彩图 4　红爪姜

彩图 5　黄爪姜

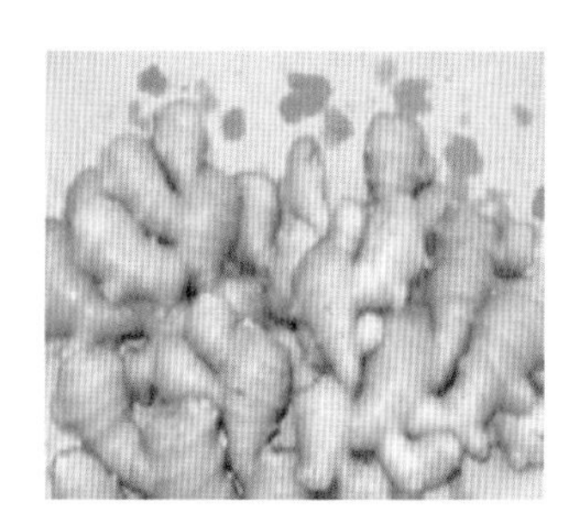

彩图 6　安徽铜陵白姜

彩图 7　疏轮大肉姜

彩图 8　密轮细肉姜

彩图 9　湖北来凤凤头姜

彩图 10　兴国九山生姜

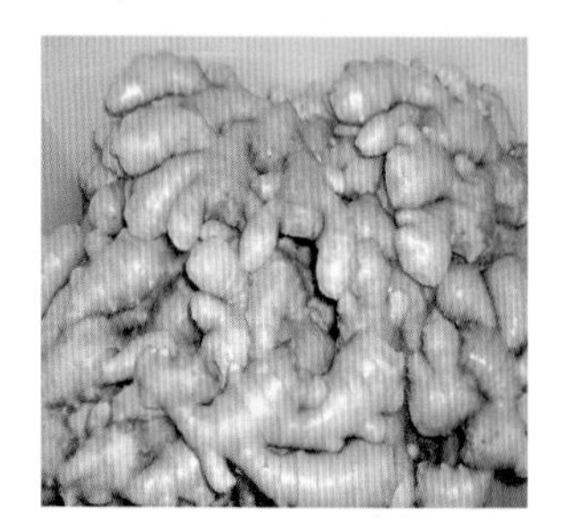

彩图 11　鲁山张良姜

彩图 12　山农大姜 1 号

彩图 13　正常姜块与肉质变褐的姜块

病叶枯黄

茎秆倒伏

姜块褐变腐烂

彩图 14　姜瘟病

发病初期病斑较小

后期病斑破裂穿孔

彩图 15　姜斑点病

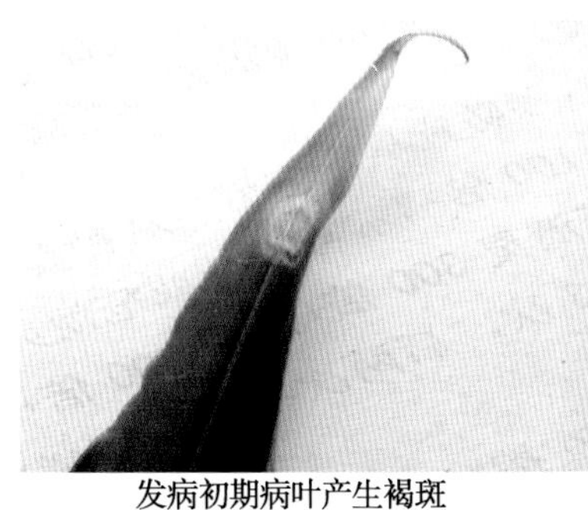
发病初期病叶产生褐斑

后期叶片发褐干枯

彩图 16　姜炭疽病

发病初期病叶产生黄褐色小斑

后期病斑呈连片状

彩图 17　姜叶枯病

生姜肉质根产生瘤状根结

病后期根茎萎缩腐烂

彩图 18　姜根结线虫病

姜眼斑病发病初期叶片症状

姜眼斑病发病后期叶片症状

彩图 19　姜眼斑病

彩图 20　姜病毒病

彩图 21　苗期叶片畸形

彩图 22　缺钙引起烂芯

彩图 23　缺铁缺锌形成黄化卷叶

有毒气体引发叶片黄化

有毒气体导致植株枯死

彩图 24　有机肥肥害

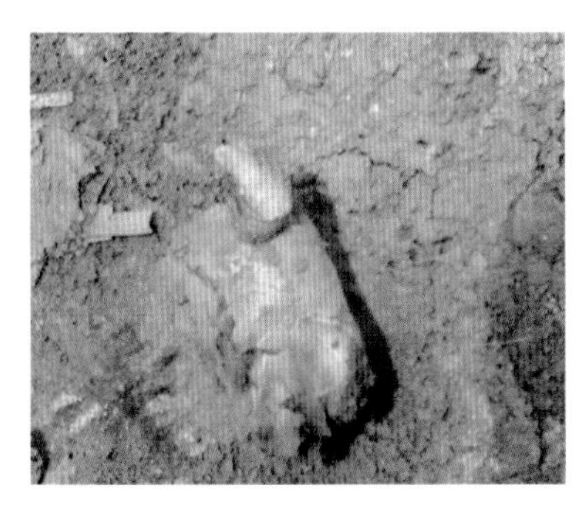

彩图 25　幼芽腐烂

姜螟咬食后生姜
上部叶片枯黄

叶片被咬成环痕

姜螟幼虫

彩图 26　姜螟

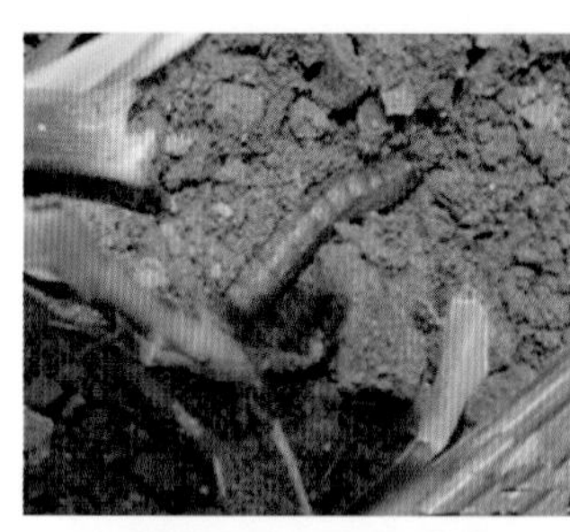

彩图 27　小地老虎幼虫（左图）与成虫（右图）

蓟马为害姜叶

幼虫

成虫

彩图 28　蓟马

彩图 29　甜菜夜蛾幼虫（左图）与成虫（右图）

生姜高效栽培

主　编　苗锦山

副主编　孙　虎　王成霞

参　编　祝海燕　王爱丽　吕金浮　唐玉海

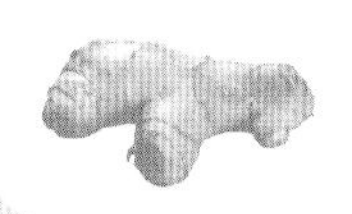

机　械　工　业　出　版　社

本书共分十章，结合生姜的标准化和规范化栽培，详细介绍了生姜的植物学特性及主要栽培品种、生姜露地安全高效栽培技术、生姜轮作与间作套种技术、无公害出口生姜高效栽培技术、生姜保护地安全优质栽培技术、有机生姜栽培技术、生姜主要病虫草害诊断与防治技术、生姜储藏与加工技术等，较为全面地阐述了生姜的生产和加工技术要点及注意问题，以期为我国生姜的高效栽培提供帮助。本书内容翔实，图文并茂，实用性强。另外，书中设有“提示”“注意”等小栏目，并配有生姜高效栽培实例，可以帮助种植户更好地掌握技术要点。

本书适合生姜种植与加工者、农技推广人员使用，也可作为农业院校相关专业师生的参考用书。

图书在版编目（CIP）数据

生姜高效栽培/苗锦山主编. —北京：机械工业出版社，2015.2（2024.8 重印）
（高效种植致富直通车）
ISBN 978-7-111-48286-4

Ⅰ.①生… Ⅱ.①苗… Ⅲ.①姜-蔬菜园艺 Ⅳ.①S632.5

中国版本图书馆 CIP 数据核字（2014）第 241308 号

机械工业出版社（北京市百万庄大街 22 号 邮政编码 100037）
总 策 划：李俊玲 张敬柱　　策划编辑：高 伟 郎 峰
责任编辑：高 伟 郎 峰 李俊慧　　版式设计：赵颖喆
责任校对：王 欣　　责任印制：郜 敏
三河市宏达印刷有限公司印刷
2024 年 8 月第 1 版第 13 次印刷
140mm×203mm · 4.75 印张 · 4 插页 · 123 千字
标准书号：ISBN 978-7-111-48286-4
定价：19.80 元

凡购本书，如有缺页、倒页、脱页，由本社发行部调换
电话服务　　网络服务
服务咨询热线：010-88361066　　机 工 官 网：www.cmpbook.com
读者购书热线：010-68326294　　机 工 官 博：weibo.com/cmp1952
010-88379203　　金 书 网：www.golden-book.com
封面无防伪标均为盗版　　教育服务网：www.cmpedu.com

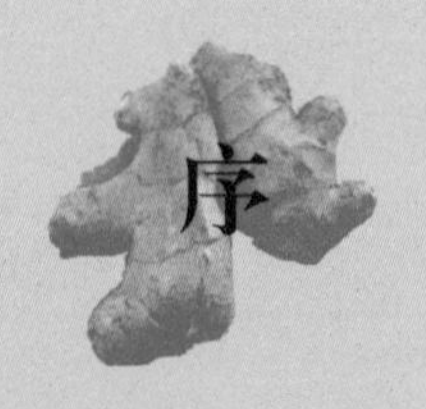

序

园艺产业包括蔬菜、果树、花卉和茶等，经多年发展，园艺产业已经成为我国很多地区的农业支柱产业，形成了具有地方特色的果蔬优势产区，园艺种植的发展为农民增收致富和“三农”问题的解决做出了重要贡献。园艺产业基本属于高投入、高产出、技术含量相对较高的产业，农民在实际生产中经常在新品种引进和选择、设施建设、栽培和管理、病虫害防治及产品市场发展趋势预测等诸多方面存在困惑。要实现园艺生产的高产高效，并尽可能地减少农药、化肥施用量以保障产品食用安全和生产环境的健康离不开科技的支撑。

根据目前农村果蔬产业的生产现状和实际需求，机械工业出版社坚持高起点、高质量、高标准的原则，组织全国20多家农业科研院所中理论和实践经验丰富的教师、科研人员及一线技术人员编写了“高效种植致富直通车”丛书。该丛书以蔬菜、果树的高效种植为基本点，全面介绍了主要果蔬的高效栽培技术、棚室果蔬高效栽培技术和病虫害诊断与防治技术、果树整形修剪技术、农村经济作物栽培技术等，基本涵盖了主要的果蔬作物类型，内容全面，突出实用性，可操作性、指导性强。

整套图书力避大段晦涩文字的说教，编写形式新颖，采取图、表、文结合的方式，穿插重点、难点、窍门或提示等小栏目。此外，为提高技术的可借鉴性，书中配有果蔬优势产区种植能手的实例介绍，以便于种植者之间的交流和学习。

丛书针对性强，适合农村种植业者、农业技术人员和院校相关专业师生阅读参考。希望本套丛书能为农村果蔬产业科技进步和产业发展做出贡献，同时也恳请读者对书中的不当和错误之处提出宝贵意见，以便补正。

中国农业大学农学与生物技术学院

前言

生姜是一种集调味品、加工食品原料、药用蔬菜于一体的多用途蔬菜作物，我国各地均有食用生姜的习惯。近年来我国生姜及其制品远销日本、东南亚等许多国家和地区，成为出口增收的重要农产品。

随着种植业结构的调整及高产高效农业的发展，我国生姜的种植面积不断扩大，优势产区不断形成，生姜生产和加工已成为产区农民增收致富的重要途径。如何总结归纳各地生产经验，并形成技术规范对于指导生姜的高效生产有重要意义。为此，潍坊科技学院相关科技人员深入生姜主产区进行了大量的考察，并结合自身研究及生产经验，在参考国内大量相关资料的基础上，从高产高效的角度，对生姜种植的良种选择、茬口优化安排、规范化露地高效栽培技术和储藏加工技术等进行了详细介绍，并根据生姜高效栽培的发展方向对无公害出口生姜、有机生姜、保护地栽培生姜的栽培管理技术做了重点介绍，以期为我国生姜产业的规范、高效、健康发展提供参考。在编写过程中全书紧密结合生姜生产的实际问题和关键技术，有较强的实用性和可操作性。

需要特别说明的是本书所用药物及其使用剂量仅供读者参考，不可完全照搬。在实际生产中，所用药物学名、通用名和商品名称存在差异，药物浓度也有所不同，建议读者在使用每一种药物之前，参阅厂家提供的产品说明以确认药物用量、用药方法、用药时间及禁忌等。

本书在编写过程中参阅了有关专家的著作和论文及其他相关研究成果，在此一并谨致谢忱。

由于编者水平有限，书中难免有不妥和错误之处，敬请专家及读者批评指正。

编 者

目录

第四章 生姜轮作与间作套种技术

第五章 无公害出口生姜高效栽培技术

第六章 生姜保护地安全优质栽培技术

第七章 有机生姜栽培技术

第八章 生姜主要病虫草害诊断与防治技术

第九章 生姜储藏与加工技术

第十章 生姜高效栽培实例

附录

参考文献

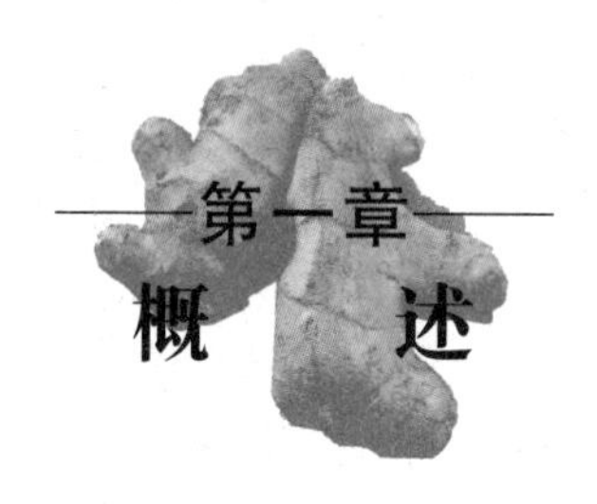

第一章 概述

生姜（*Zingiber officinale* Roscoe）简称姜，又称黄姜，为姜科姜属可形成地下肉质根茎的栽培种。生姜性喜温暖，但适应性较强，现已在世界范围内广泛栽培，主要分布于亚洲与非洲的热带和亚热带地区，尼日利亚、牙买加、塞拉利昂、印度和中国是世界上主要的生姜种植国家。生姜属多年生草本植物，根据农业生物学分类方法可将其划为薯芋类蔬菜，在我国多作为一年生经济作物栽培。

第一节　我国生姜的栽培历史与现状

生姜在我国自古就有栽培。从考古遗存来看，湖北江陵战国墓葬中有完整的姜块出土，这表明战国时代已把生姜作为陪葬品。1972年湖南长沙市马王堆一号汉墓出土的农产品中也有生姜，说明西汉时期生姜已是一种重要经济作物。从古籍史料来看，生姜的文字记载最早见于《礼记》内则篇“植梨姜桂”，《管子》地员篇“生姜与桔梗小辛大蒙”，《论语》中有“不撤姜食”。《吕氏春秋》中有“和之美者，蜀郡杨朴之姜”，表明杨朴（四川地名）姜在当时就已成为美味佳蔬了。司马迁的《史记》中有“千畦姜韭，此其人与千户侯”等典籍。晋代嵇含在《南方草木状》中记述了姜为“冬叶，姜叶也，苞苴物，交、广皆用之”，交、广是指我国广东、广西及邻邦交趾（现今越南北部），说明当时我国广西地区已广泛种植生姜；北魏贾思勰编的《齐民要术》里有“种姜第二十七篇”，对姜的整

地、播种、遮阴及收获等栽培技术都作了详细的记载。金代文学家元遗山有诗云“东家欢饮姜芽脆，西家留宿芋魁肥”。元朝《王祯农书》中也详细描述了生姜栽培、储藏的方法及其用途。湖南邵阳的《宝庆府志》、江西宜春的《宜春县志》中，均有关于姜的记载。

不过在明朝以前，生姜基本上是在我国南方地区栽培，到明朝中后期才逐渐引种到北方地区，到了清朝在北方栽培生姜已经比较普遍。比如，山东兖州府宁阳县（现泰安宁阳县）的生姜原来主要贩自南方，道光末年开始在本地引种试种。到了光绪年间，其所产的生姜产品不仅可以自给，而且可以供应临近各县。山东省莱芜县（现为莱芜市）志曾经记载，清朝宣统纪元已把姜作为征税对象，可见姜在当时的栽培地位已经相当重要了。

自古以来，生姜就是我国重要的经济作物之一，直到近代仍有“姜千畦，藕万陂，利亦比万金之家”之说，说明种植生姜能够获得很好的经济效益。目前，生姜在我国除东北、西北等高寒地区外，华南、华中及华北地区均有种植，但其类型与分布有所不同。北方主产干姜类型，南方主产菜姜，而长江流域各地以中间类型为主。北方地区以山东为主要产区，河南、陕西等地栽培面积也较大。南方地区以广东、四川、浙江、安徽、湖南等省份种植较多。经多年发展，山东莱芜、安徽铜陵、浙江临平已成为我国生姜的优势产区，莱芜更是具有“中国生姜之乡”的美誉。近年来，随高效农业的发展和农业产业结构调整，辽宁、黑龙江、内蒙古和新疆等地也开始引种试种生姜。

从我国生姜发展情况来看，大体可分为 3 个阶段：1949 年前，由于旧的生产关系的束缚，生姜栽培发展缓慢；中华人民共和国成立以后，生姜的生产不断发展，栽培技术水平逐步提高；改革开放以来，生姜生产得到迅速发展，种植面积扩大，产量大幅度提高，在种植业结构中具有越来越重要的地位，对农民致富起到重要作用。

第二节　生姜的栽培利用价值

生姜是一种集调味品、加工食品原料、药用蔬菜为一体的多用途蔬菜作物，在国内外市场上有着非常广阔的发展前景。

一 生姜的食用价值

生姜可作为一种重要的调味品，同时也可作为蔬菜单独食用。它还可将自身的辛辣味和特殊芳香味渗入到菜肴中，使之鲜美可口，味道清香。生姜具有较高的食用价值，吃饭不香或饭量减少时吃上几片姜或者在菜里放上一点嫩姜，都能改善食欲，增加饭量，所以民间有“饭不香，吃生姜”之说。

将生姜姜片用于烹饪，可以去腥膻味，增加食品的鲜味。比如，食用松花蛋或鱼蟹等水产品时，辅加姜末、姜汁或以姜丝为佐料，既可杀菌，还可去除腥味，让菜肴更加香味四溢。

在炖鸡、鸭、鱼、肉时添加姜片，可使肉味醇香。做糖醋鱼时用姜末兑汁，可产生特殊的甜酸味。将姜末与醋相兑，用来蘸食清蒸螃蟹、龙虾，不仅可去腥尝鲜，而且可借助姜的热性平衡螃蟹寒凉伤胃的副作用。将冰冻的肉类、禽类、河味海鲜在加热前先用姜汁浸渍，具有返鲜的妙用等。

生姜除含有姜油酮、姜烯酚、姜醇、桉油精等生理活性物质外，还含有糖、脂肪、蛋白质、多苷、纤维素、胡萝卜素、维生素 A、维生素 C、核黄素、烟酸及多种微量元素，将营养、调味、保健集于一身。研究发现，生姜的主要成分为淀粉 45%~55%、脂肪 5.6%~6.0%、蛋白质 9.0%~9.9%、膳食纤维 17%~18%、灰分 6.0%~6.5%；另外，干姜中还含有 1.0%~2.5% 的挥发性油及 2%~3% 的辛辣素。

【小窍门】>>>>

购买生姜时应挑选本色浅黄，用手捏肉质坚挺、不酥软，姜芽鲜嫩的姜块。同时还可用鼻子嗅一下，若有淡淡硫黄味的，千万勿买。

二 生姜的药用价值

生姜不仅是我们日常用的调味品，而且也具有很好的药用价值，是重要的保健蔬菜之一。生姜味辛、性微温，入脾、胃、肺，具有发汗解表、温中止呕、温肺止咳、解毒的功效，主治风寒感冒、胃

寒胃痛、呕吐腹泻、鱼蟹中毒等病症，还有醒胃开脾、增进食欲的作用。生姜中含有辛辣和芳香的成分，如姜油酮、姜辣素等，将其用于治疗风寒感冒时，可通过发汗，使寒邪从表而解。姜辣素对口腔和胃黏膜有刺激作用，能促进消化液分泌，增进食欲，可使肠的张力、节律和蠕动增加；姜油酮对呼吸和血管运动中枢有兴奋作用，能促进血液循环。

夏天天气暑热，生冷凉、冷食物较多，形成体表阳气盛，体内脾阳虚的状况，这一季节多吃生姜，可以有效地保护脾胃的功能，所以我国民间有“冬吃萝卜夏吃姜，不用医生开药方”的说法。

生姜还具有醒脑提神，促进血液循环，防治动脉硬化，抗衰老的作用。“男子不可百日无姜”，姜乃助阳之品，具有加快人体新陈代谢、通经络的作用，因此，将其用于男性保健，对肾虚阳痿具有一定的治疗作用。

生姜常见的药用用途如下。

（1）驱寒　生姜的辛辣味源于含量为0.25%~0.3%的挥发油，其成分是姜醇、姜烯、水芹烯等，具有发表散寒的作用。生活中如果遇天气突然变冷或被雨淋湿受凉，取适量生姜切成片加红糖煎汤喝，可达到祛除寒气、预防暑湿感冒的效果。

（2）暖胃　生姜可以健脾温胃，鼓舞胃阳升发，增进血液循环，祛除胃中寒积。

（3）镇痛　生姜具有明显的镇痛作用，其原因在于姜的有效成分能抑制前列腺素的生物合成，可用于治疗关节痛、腹痛、胃痛、痛经、烧烫伤、扭伤、挫伤等。

（4）杀菌　生姜具有杀菌作用，尤其对污染食物的沙门氏菌作用更强，生姜外用有抑制皮肤真菌和杀灭阴道滴虫等作用。

（5）补脑　生姜含有天然姜烯酮、氨基丁酸、谷氨酸、赖氨酸、甘氨酸等人体必需的氨基酸，对大脑神经系统的信息传输具有催化作用。生姜中的氨基酸通过姜辣素和生姜挥发油的作用，可迅速输送到大脑血管，从而使大脑具有足够的营养，并及时补充“智慧元素”——氢、氧、氮、碳等物质。

（6）降脂 生姜可大大降低血液中胆固醇的含量，有助于高血压病患的康复和降血脂新药的研发。

（7）治晕 生姜可减轻晕动症，主治头晕、恶心、呕吐等症状，有效率可达90%以上，药效可持续6h。

（8）除斑秃 生姜汁外涂能治斑秃。

（9）促食欲 生姜可促进消化液的分泌，增加食欲，并有抑制肠内异常发酵及促进气体排出的作用。

（10）防癌 生姜汁可在一定程度上抑制癌细胞生长。

（11）抗衰老 生姜所含有的姜辣素，可除去人体中的致老因子——自由基，故有抗衰老的效果。

三、生姜的加工与利用价值

生姜中的活性成分为姜辣素和各种挥发性油。姜精油与姜油树脂是目前生姜的两种重要的深加工产品，统称为姜油，属植物油脂，两者均是从生姜中抽提出来的，是生姜调味的主要成分，也是食品、医药、化妆品等工业的重要原料。

生姜有辣味源于姜辣素，是姜酚、姜脑等辣味物质的总称。姜辣素的化学性质不稳定，但有很强的对抗脂褐素的作用，具有美容效果。比如，可把生姜洗净切成片或丝，加入沸水冲泡10min，再加一汤匙蜂蜜搅匀，每天饮用一杯，常服可明显减轻老年斑。也可将生姜切碎，拌上精盐、味精、辣椒油等调料，长期食用。姜精油是从生姜根茎中用水蒸气蒸馏的方法得到的挥发性油分，具有浓郁的芳香气味，在食品工业中有很高的应用价值和发展潜力，主要用于食品及饮料的加香、调味，在冰激凌、糖果及肉制品中也大量使用。姜油树脂是通过溶剂浸提而得到的黄色油状液体，味辣而苦，除作调料外，还可用于开发天然抗氧化剂及医疗保健品。

近年来，国内外相关行业不断改进姜辣素和姜油的提取工艺，在最大程度上保持了生姜原有的功能活性，不断研制含有生姜提取物的新产品，开拓了其在食品、保健领域内的应用范围，如姜汁饮料、姜汁茶、姜醋饮料、姜汁奶制品、姜汁凝乳、生姜风味小食品、葱酥糖、姜片等。

第三节 我国生姜的产业现状与发展策略

一 我国生姜的产业现状与存在的问题

1. 我国生姜产业的发展概况与市场前景

据联合国粮食及农业组织（FAO）统计，目前全世界有50多个国家种植生姜，而生姜进口国则多达150多个。其中，生姜的主要生产国为中国、尼日利亚、印度、印度尼西亚、泰国、孟加拉国、巴西等，其生姜栽培面积及总产量均占世界总量的90%以上。其中，中国常年生姜产量约为570万吨，约占世界生姜总产量的38.3%。

近年来，我国生姜栽培面积和总产量均居世界首位。以山东安丘、莱芜为代表的生姜优势产区发展迅速，生产和加工水平不断提高，生姜生产效益显著。以山东安丘市为例，1985年该市生姜年种植面积仅为1万多亩，2011年已发展至20万亩，涌现出一大批生姜生产专业户，并且已经由零星生产向专业化、规模化、工厂化生产方向发展。从全国来看，南方四川、福建、贵州、江西、安徽等省的生姜生产在近几年也得到了长足发展。

生姜因其良好的食用和药用价值而得到了广泛利用，生产价值较高。从最近几年生姜的市场行情看，一般价格维持在5～15元/kg，2004年价格一度高达15元/kg，以致市场上出现了“姜你军”的说法。随外贸发展，我国的生姜产品不仅以调味品形式在国内畅销，而且其加工产品也远销日本、美国及东南亚的一些国家和地区，在国际市场上享有一定的声誉。

2. 我国生姜产业发展存在的主要问题

1）良种产业化水平较低，品种退化严重。一是我国生姜生产以各地方品种为主，姜农自行无性繁殖的种姜易感染和积累病毒，导致种性退化，表现为植株变矮、姜块变小、品质下降，尤其是抗逆性降低，姜瘟病日益流行，药物控制效果差。二是缺乏专用品种。目前国际市场对生姜产品质量和加工产品类型的要求日益多样化，但我国生姜专用品种少，现有品种已不能满足生产和市场需求。

2）生姜生产机械化水平较低，生产成本高，投资风险大。生姜种植产业属于典型的劳动密集型产业，费工费时，投入劳动力成本

高，种植效益下降。另外，生姜常年连作易发姜瘟病，严重者全田毁灭绝收，损失极大，造成一定的生产风险。

3）生姜加工发展水平滞后，产业链条延伸不足，产品附加值不高。当前，我国生姜主要用于鲜食和鲜销，产品加工则以保鲜、风干、腌渍姜等初级产品为主，尚缺乏精深加工技术与工艺，导致加工副产品及原料浪费严重，产品增值不明显。

4）生姜生产的组织化水平较低，年际间生产波动大，生姜种植效益不稳定。我国生姜生产多以一家一户的小农生产模式为主，农民种植生姜与否及种植面积大小均根据经验或上一年的价格而定，缺乏必要的风险预警机制，造成生姜产区种植面积年际间波动较大，另外受国际生姜市场的影响，生姜价格也较不稳定，影响了生姜产业的健康发展。

5）生姜生产的专业化、标准化和规模化水平不高，产品质量难以保障。我国的生姜生产多根据姜农的种植经验进行，缺乏统一的种苗、农资、施肥、打药和田间管理等技术标准和规范，因此生姜产品质量参差不齐，药肥残留比较普遍，在我国加入 WTO、国际上农产品贸易技术壁垒日益严重的情况下，生姜生产极易受到冲击。

二 我国生姜产业的发展策略

1. 提纯、改良、推广优质抗病新品种

农以种为先，目前制约我国生姜生产的一个重要因素是新品种创新与利用水平较低，无性繁殖的地方品种产量、品质和抗性等性能指标越来越不能满足生产需求。因此，当务之急是尽快做好现有生产品种的提纯复壮，通过组织培养等生物技术手段加强生姜脱毒苗的生产和应用。其次是开展生姜优良种质资源的引进与创新利用，利用转基因技术和细胞融合等技术手段尽快培育出优质抗病的新品种应用于生产实践。

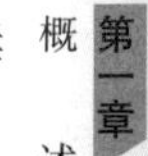

2. 完善生姜市场体系培育，提高产业化水平

应从产前、产中和产后 3 个方面加强生姜产业体系建设。第一，构建统一规范的生姜农资、种苗、技术供应市场体系，加强市场监管，为生姜无公害生产提供物质基础。第二，建立专业生姜产品流通市场，构建生姜信息化电商平台，增强和完善市场服务功能，发

挥市场对生产的引领作用。第三，推广公司加农户的订单生产模式。要努力引进和培育生姜生产和加工龙头企业，延长产业链条，发挥龙头企业的辐射带动作用，提高生姜生产的技术服务水平。第四，通过申报地理标志产品、打造品牌等途径努力扶持发展一批生姜生产优势县市，为生姜的专业化生产打下基础。

3. 提高生姜生产的标准化、规模化和组织化水平

应通过合理土地流转，发展专业合作社等途径提高生姜生产的规模化和从业农民的组织化水平。通过规模化生产促进生姜生产向机械化发展，通过提高从业农民的组织化水平增强生姜生产的抗风险能力。在上述过程中鼓励生姜订单式或工厂化生产模式，统一种苗、化肥、农药、加工等生产管理技术标准，以生产的标准化保障产品的优质和安全。

4. 加强生姜深加工水平，积极发展生姜高端产品的生产和流通

生姜产业要实现高产高效，首先，应着力加强生姜深加工产品和技术开发，积极面对国内国际两个市场，着重加强生姜功能、保健和药用产品的开发和利用，提升其产品附加值。其次，鼓励有条件的地区发展绿色生姜、有机生姜等高端产品，鼓励发展生姜保护地生产，平衡生姜周年供应，缓解生姜集中上市压力，从而提高生产效益。第三，加强对农药生产、流通的管理，强化生产监管和产品检测，全面落实基地登记备案，减少药肥残留，保障生姜产品的食用安全。

第二章
生姜的生物学特性及主要栽培品种

第一节　生姜的生物学特性

一　生姜的形态特征

生姜原产于印度、马来西亚和我国热带多雨的森林地带，要求阴湿而温暖的环境。在植物学分类上生姜属于单子叶植物、姜科，农业生物学分类为蔬菜—薯芋类，收获产品为可供食用的肥大多肉的块根。

生姜植株形态直立，分枝性强，一般每株有10多个丛状分枝，植株开展度较小，为45～55cm，主要器官有根、地上茎、根茎、叶及花（图2-1）。

1. 根

姜的根为浅根系，包括纤维根和肉质根，主要根群分布在半径40cm和深30cm的土层内，多集中在姜母的基部，其分布依土壤类型不同有深浅差异，土表10cm以内的根占总根量的60%～70%。纤维根从幼芽基部发生，为初生的吸收根；肉质根着生于姜母及子姜的茎节上，兼有吸收和支持植株直立的功能。

播种后，先从幼芽基部发生数条纤细的不定根，称为纤维根或韧生根。出苗后，随着幼苗的生长，不定根数逐渐增多，并在其上发生许多细小的肉质侧根，形成姜的主要吸收根系。植株达到旺盛生长时期，在姜母和子姜的下部节上，也可发生若干条肉质小根，形状粗而短，一般直径约0.5cm，长10～25cm，根毛很少，具有吸收和支持功能，可食用。

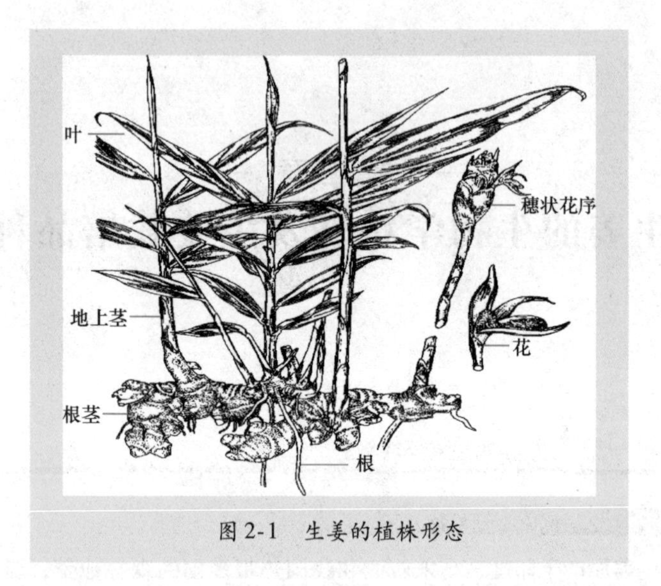

图 2-1　生姜的植株形态

2. 地上茎

姜的茎包括地上茎和地下茎两部分。地上茎直立、绿色，由根茎节上的芽发育而成，为叶鞘所包被，茎高 80～100cm。叶鞘除有保护作用外，还可防寒和防止水分散失。随着芽的生长，幼茎形成，幼茎逐渐伸长便形成茎枝。植株长出的第一棵姜苗为主茎，以后发生大量分枝。

3. 根茎

生姜的地下茎为根状茎，简称为“根茎”。根茎是生姜茎基部膨大形成的地下根状肉质根茎，为繁殖器官，也是主要的产品器官或食用器官，储有大量的营养物质。完整的根茎呈不规则掌状，其形成过程是：当种姜发芽出苗后，逐渐长成主茎；随着主茎生长，主茎基部逐渐膨大成一个小根茎，通常称为“姜母”；姜母两侧的腋芽可继续萌发出 2～4 根姜苗，即一次分枝，其基部逐渐膨大，形成一次姜块，称为子姜；子姜上的侧芽继续萌发，抽生新苗，为第二分枝，其基部膨大形成二次姜块，称为孙姜；如此继续发生第三、第四、第五次姜块，直到收获为止，这样便形成了一个由姜母和多次子姜组成的完整根茎。在一般情况下，生姜的地上部分分枝越多，

地下部分姜块也越多，越大，产量也越高。

4. 叶

姜的叶片包括叶片和叶鞘两部分。叶片为披针形，单叶，绿色或深绿色。叶鞘绿色狭长抱茎，具有保护和支持作用。叶片与叶鞘的相连处有一孔，新生叶从此孔抽出。姜叶互生，在茎上排成2列。叶背主脉稍微隆起，具有横出平行脉。其功能叶长为20～25cm，宽2～3cm。每株姜有16～28片叶，叶柄较短，叶长为16～27cm不等，宽为2～3cm。

5. 花

生姜的花为穗状花序，花茎直立，高约30cm，由叠生苞片组成，苞片边缘黄色，每个苞片都包着一个单生的绿色或紫色小花，花瓣紫色，雄蕊6枚，雌蕊1枚。一般情况下生姜极少开花，在南方大田或棚室栽培环境下，可偶见开花植株，但很少结实。关于生姜开花与环境条件和栽培因素的关系尚不清楚。

二 生姜的生育周期

生姜为多年生宿根草本植物，但在我国作为一年生作物栽培。生姜为无性繁殖的蔬菜作物，播种用的“种子”就是根茎。其根茎和马铃薯的块茎有所不同，无自然休眠期，收获之后，遇到适宜的环境条件便可发芽。生姜极少开花，它的整个生长过程基本上是营养生长的过程。根据其生长发育特性可以分为发芽期、幼苗期、旺盛生长期和根茎休眠期四个时期（图2-2）。对于出现开花的种质，花穗上始现第一朵花蕾时为现蕾期。

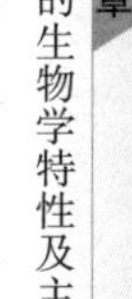

1. 发芽期

从种姜幼芽萌动开始，到第一片姜叶展开，包括催芽和出苗的整个过程称为发芽期，需经过40～50天。依照幼芽的形态变化，生姜发芽过程可分为4个阶段。

（1）幼芽萌动阶段 即根茎上的侧芽，由休眠状态开始变为生长状态，此期幼芽的颜色鲜黄而明亮。

（2）幼芽破皮阶段 侧芽萌发后4～6天，随其生长，姜皮破裂，幼芽明显膨大，颜色更加鲜亮。

图2-2　生姜的生长发育周期

(3) 鳞片发生阶段　破皮之后会出现第一层鲜嫩的鳞片，包围着幼芽，此后继续发生第二、第三、第四层鳞片。一般在第2～4层鳞片出现时，幼芽基部便可见根的突起，这时正是播种的适宜时期。

(4) 成苗阶段　随着幼芽伸长，幼芽基部也由根的突起长出不定根。当苗高为8～12cm时，第一片姜叶便开始展开，随后姜苗开始制造养分。

生姜在发芽期，依靠种姜储藏的养分来发芽，生长速度缓慢，生长量也很小，却为后期植株生长打下了坚实的基础。所以，要特别注意精选种姜培育壮芽，加强发芽期管理，保证苗全苗旺。

2. 幼苗期

从展叶开始，到具有两个较大的侧枝，即“三股杈”时期，为幼苗期，需65～75天，此期生姜以主茎生长、发根为主，生长速度较慢，生长量较少，但也是促后期产量形成的重要时期。因此在栽培管理上要着重提高地温，促进生根，及时遮阴，清除杂草，培育壮苗，为后期植株生长发育提供营养保障。

3. 旺盛生长期

从“三股杈”时期往后，一直到收获，生姜地上茎叶和地下根茎进入旺盛生长期，也是生姜产量和品质形成的主要时期，需70～

75天。旺盛生长前期以茎叶生长为主，后期以根茎生长和充实为主。此期生姜一方面大量发生分枝，叶数也相应增多，该期所增加的叶数为幼苗期的6~7倍。随着叶数的增加，叶面积也快速增大。同时，地下根茎也开始膨大。旺盛生长后期植株的生长中心已转移到根茎，以根茎生长为主，叶片制造的养分主要输送到根茎，生姜70%~80%的产量是在后期约50天内形成的。因此，栽培上在生姜生长后期加强田间管理十分重要。在旺盛生长前期应加强肥水管理，促进发棵，使之形成强大的光合系统，并保持较强的光合能力。在旺盛生长后期，则应促进养分运输和积累，并注意防止茎叶早衰，结合浇水和追肥进行培土，为根茎快速膨大创造有利条件。

4. 根茎休眠期

生姜具有不耐寒、不耐霜的生物学特性，北方地区冬季寒冷，通常不能在露地越冬。所以一般在早霜来临时，茎叶便会遇霜而枯死，如果遇到强寒流，根茎也会遭受冻害。因此，一般都在霜期到来之前进行收获储藏，迫使根茎进入休眠，从而安全越冬，这种休眠称为强迫休眠。在储藏过程中，注意保持适宜的温度和湿度，既要防止温度过高，使根茎发芽，消耗养分，也要防止温度过低，避免根茎遭受冷害或冻害。此外，还应防止空气干燥和虫害，以保持根茎新鲜完好，顺利度过休眠时期，待第二年气温回升时，再播种、发芽和生长。

三 生姜对环境条件的要求

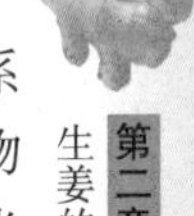

生姜原产于亚洲热带及亚热带地区，由于长期的生态适应和系统发育的结果，使它形成了诸多与其起源地自然环境相适应的生物学特性。但经人们长期栽培、选择、驯化和进化，生姜对温度、光照、湿度等环境条件的适应性不断增强，栽培区域扩大，如在我国无论南方和北方均可种植生姜。

生姜的生长与产品器官的形成除了决定于其自身的遗传特性以外，还与环境条件有密切关系。环境因素主要包括温度、光照、土壤、营养、水分和空气等，上述环境因子互相联系，相互制约共同作用于生姜的生长发育进程。同时，生姜的不同生育阶段对环境因素的要求存在差异，因此栽培上应充分考虑各种环境因子对生姜生

长发育的综合影响，采取相应的农业技术措施，趋利避害，以满足生姜生长发育和高产的要求。

1. 生姜对温度的要求

（1）不同生长阶段对温度的要求 生姜属喜温蔬菜，不耐寒冷，不耐霜冻，也不耐炎热。在其生长的各个阶段，对温度的要求也不尽相同。据试验，种姜在16℃以上便可由休眠状态开始发芽生长，但在16～17℃条件下发芽速度极慢，发芽期长达60天左右；在20℃时，幼芽生长仍然较慢；保持22～25℃的条件对幼芽生长最为适宜，经20～25天，幼芽便可长至1.5～1.8cm，芽粗1～1.4cm，芽肥芽壮。发芽期温度不宜太高，当环境温度超过30℃时，发芽速度虽然很快，但幼芽细长而瘦弱易形成弱苗。幼苗期和发棵期，保持25～30℃对茎叶生长较为适宜。根茎旺盛生长期，要求白天和夜间保持一定的昼夜温差，白天温度保持25℃左右，有利于茎叶进行光合作用，夜间保持17～18℃为宜，有利于养分积累和根茎生长。当温度降至15℃以下时，植株停止生长，茎叶遇霜即枯死。

总体而言，生姜整个生育期内温度不宜超过35℃或低于17℃，否则对其生长不利，但随光照、二氧化碳浓度等环境因素变化其光合作用适温也发生相应变化。

（2）对积温的要求 积温是作物热量需求的重要指标之一，生姜在其生长过程中，不仅要求一定的适宜温度范围，而且还要求一定的积温，才能顺利完成其生长过程并获得较高产量。根据对莱芜姜的生长过程及当地气象资料分析，其全生长期约需活动积温3660℃，15℃以上的有效积温1215℃。

2. 生姜对光照的要求

生姜的生长要求中等强度的光照条件，耐阴而不耐强光。强光对生姜生长的抑制作用主要体现在分枝数、叶面积、根茎重等指标变化上。生姜幼苗在高温强光照射下裸露栽培，常表现为植株矮小、叶片发黄、分枝少而细弱、长势不旺、根茎产量降低。因此，自古以来，我国南、北方生姜栽培均有遮阴管理措施。但苗期雨水过多、光照不足，对姜苗生长也不利。

生姜的不同发育时期对光照强度反应不同，生产上应进行“变

光”管理。一般来讲，发芽期间要求黑暗，幼苗期要求中等强度光照，在遮阴状态下生长良好，旺盛生长期同化作用较强，需光量大，以储存积累更多的光合产物。

生姜对日照长短的要求不严格，在长、短日照下均可形成根茎，但以自然光照条件下的根茎产量最高。

3. 生姜对水分的要求

生姜为浅根性植物，植株含水量为86%～88%。生姜不耐干旱和湿涝，不同生长时期对水分需求不同。幼苗期姜苗生长量小，但蒸腾作用旺盛，且北方生姜苗期恰处高温干旱季节，土壤蒸发量大，因此苗期水分消耗量大，需及时灌溉补水，通常保持土壤相对含水量的70%～80%较为适宜。如果土壤干旱，则姜苗生长受抑，经常出现“挽辫子”现象，植株矮小，叶片光合能力弱，影响后期根茎形成。

生姜进入旺盛生长期后，植株生长速度大大加快，需要较多的水分。为促发分枝和根茎迅速膨大，应及时足量供水，此期如果缺水干旱，不仅根茎产量降低，品质也变劣。生姜也不耐湿涝，田间积水导致其根系生长受阻易引发姜瘟病，可导致大幅度减产。

因此，生姜栽培中应根据其不同生长时期的需水规律，合理供水，保持土壤湿度适宜，并注意雨后及时排除田间积水。

4. 生姜对土壤的要求

生姜对土壤质地要求不甚严格，适应性较广，无论砂土、壤土或黏土均能正常生长，但不同土质对其产量和品质有不同影响。砂土透气性好，春季地温上升快，有利于早出苗、发苗快，但砂土保水保肥能力差，易后期脱肥造成盛长期植株长势弱、早衰，因此往往产量不高。黏土保水保肥能力强，但透气性差，影响前期发苗和后期根茎膨大，产量也较低。壤土砂黏适中，既松软透气，又能保水保肥，有利于幼苗生长与根系发育，因而根茎产量最高。砂性土壤栽培生姜，其根茎多表现光洁美观，含水量较少，干物质率高。黏性土壤栽培生姜，则根茎含水量较高，质地细嫩。

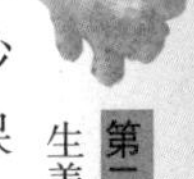

不同的土质不仅影响根茎的商品质量，对其营养品质也有一定的影响。重壤土种植生姜干物质含量较低，但可溶性糖、维生素C

和挥发油的含量显著高于轻壤土和砂壤土种植的生姜。三种土质栽培的生姜，其淀粉和纤维素的含量无显著差异。

土壤酸碱性对生姜茎叶和地下根茎的生长影响显著。生姜喜中性和微酸性环境，但对土壤酸碱度的适应范围较宽，pH 在 5 ~ 7 范围内均可生长良好，其中当土壤 pH 为 6 时根茎生长最好。当土壤 pH 大于 8 时，生姜各器官生长明显受抑，表现为植株矮小、叶片发黄、根茎发育不良。因此生姜栽培应选择中性偏酸、土层深厚、土质疏松而肥沃、有机质丰富、通气良好、便于排水的土壤。

5. 生姜对矿质营养的要求

生姜根系不发达，生长期较长，需肥量大。据测定，每公顷生姜可吸收氮素（N）417.6kg、磷素（P）63.3kg、钾素（K）803.2kg，因此生姜全生长期内以吸收钾肥最多，氮肥次之，磷肥居第三位。对氮、磷、钾的吸收比例约为 1∶0.5∶2。在中等肥力条件下，每生产 1000kg 生姜产品，需吸收氮 5.76kg、磷 2.54kg、钾 11.47kg。因此，生姜对氮素、钾素需求量大，对钾素营养尤为敏感。增施钾肥可促进植株对氮、磷的吸收，提高生姜产量及根茎中粗蛋白和挥发油含量。

生姜各器官对三元素的吸收量不同：叶片以吸收氮素最多，钾居第二位，磷最少；茎秆以吸收钾素最多，氮素居第二位，磷最少；根状茎吸收氮、钾较多，磷较少。所以在根茎迅速膨大期，应供给充足的氮肥和钾肥，防止植株早衰，对提高产量尤为重要。

生姜不同的发育时期对养分的吸收也不同。苗期生长缓慢，生长量很小，因而需肥较少，“三股杈”时期以后生长转旺，需肥量增多，后期追肥十分重要。

生姜要求矿质营养全面，除氮、磷、钾、钙、镁等元素外，还需要锌、硼等多种微量元素。因此，施肥时应根据生姜需肥规律、土壤总养分和肥料效应，按照有机肥与无机肥、基肥与追肥相结合的原则，进行平衡施肥，方能获得较高的产量和品质。

目前关于生姜的施肥研究较少，有研究认为生姜施用适量完全肥（每亩施氮肥 40kg、磷肥 7.5kg、钾肥 40kg）增产效果佳，施肥过量或缺素均可导致减产和品质下降。

第二节　生姜的主要栽培品种

一　生姜的分类

生姜品种分类主要有两种方法：一是按生物学特性分类；二是按产品用途分类。

1. 按生物学特性分类

根据生姜的生物学特征及生长习性，可将生姜分为疏苗型和密苗型两种类型。

（1）疏苗型　植株高大，茎秆粗壮，分枝少，叶深绿色，根茎节少而稀，姜块肥大，多单层排列，姜球节较少，节间较稀（彩图1）。该类型丰产性好，产量高，商品质量优良。其代表品种有山东莱芜大姜、广东疏轮大肉姜、安丘大姜、藤叶大姜等。

（2）密苗型　植株高度中等，生长势较强。分枝性强，单株分枝数多，叶色翠绿，叶片稍薄，根茎节多而密，姜块多数双层或多层排列，姜球数较多，姜球较小（彩图2）。其代表品种有山东莱芜片姜、广东密轮细肉姜、浙江临平红爪姜、江西兴国生姜、陕西城固黄姜等。

2. 按产品用途分类

按照生姜根茎或植株的用途，可将生姜分为食用、药用型，食用、加工型和观赏型3种类型。

（1）食用、药用型　我国栽培的生姜绝大多数都是这种类型的品种，多数品种以食用为主，兼有药用效果。如莱芜大姜、广州肉姜、铜陵白姜等。

（2）食用、加工型　生姜除可以作为调味品食用外，还可以加工成各种食品，其中以腌制品较多。作为加工原料的品种，要求其含水量高、纤维少、辣味淡、辛香味浓等，常用品种有铜陵白姜、广州肉姜、兴国生姜等。

（3）观赏型　这一类型的生姜品种较少，主要以地上部植株的优美姿态供人观赏，多分布于我国台湾和东南亚一些地区。

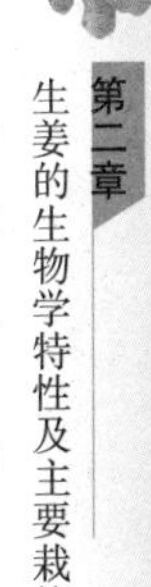

二　我国生姜的主要栽培品种

由于生姜以根茎进行无性繁殖，因此我国各地均以种植当地地

方农家品种为主。这些地方品种都是在当地的自然条件下，经人们长期的选择、驯化和培育而成，一般都具有较强的适应性、良好的丰产性、优良的品质和独特的食用价值。生姜的地方品种多以地名、根茎或芽的颜色及姜的其他形态特征命名。现将部分生姜优良地方品种和育成品种介绍如下。

1. 莱芜大姜

植株高大，生长势强，一般株高 75～90cm，叶片大而肥厚，叶色深绿，茎秆粗壮，分枝数较少，每株为 10～12 个分枝，多者达 20 个以上，属疏苗型。根茎姜球数较少，但姜球肥大，节小而稀，外形美观（彩图 3）。刚收获的鲜姜黄皮黄肉，经储藏后呈灰土黄色，辛香味浓，商品质量好，产量比片姜稍高一些，出口销路好，颇受群众欢迎，种植面积不断扩大。

2. 莱芜片姜

生长势较强，一般株高 70～80cm，叶披针形，叶色翠绿，分枝性强，每株具 10～15 个分枝，多者可达 20 个以上，属密苗型。根茎黄皮黄肉、姜球数较多，且排列紧密，节间较短。姜球上部鳞片呈浅红色，根茎肉质细嫩，辛香味浓，品质优良，耐储耐运。一般单株根茎重 300～400g，大者可达 1000g 左右。一般亩产 1500～2000kg，高者可达 3000～3500kg。

该品种一般于当地 5 月上旬播种，10 月中下旬收获，生长期为 140～150 天，亩产可达 2000kg。

3. 红爪姜

红爪姜为浙江嘉兴市新丰及余杭县临平和小林一带农家品种，植株生长势强，株高 70～80cm，叶披针形，深绿色，植株分枝力强，属密苗型。根茎肥大，皮浅黄色，芽带浅红色，故名红爪姜。肉蜡黄色，纤维少，味辣，品质佳。嫩姜可腌渍或糖渍，老姜可作调味香料（彩图 4）。单株根茎重 400～500g，重者可达 1000g 以上，一般亩产 1200～1500kg，高产者达 2000kg 左右。

该品种喜温暖不耐寒冷，抗病性稍弱。通常于四月下旬～五月上旬播种，每亩种植 4000～5000 株，可于 8 月上旬收获嫩姜，11 月上中旬收获老姜。

4. 黄爪姜

黄爪姜为浙江省临平一带农家品种。植株比红爪姜稍矮，姜块节间短而密，皮浅黄色，芽不带红色，故名黄爪姜（彩图5）。姜块肉质微密，辛辣味浓，植株抗病性较强，但产量较低，单株根茎重250g左右，一般亩产1000～1200kg。

当地于4月下旬播种，6月下旬收挖种姜，8月上旬收获嫩姜，11月上旬收获老姜。

5. 安徽铜陵白姜

安徽铜陵白姜为安徽铜陵地方品种，栽培历史为600多年，早在明、清初就远销东南亚诸国。植株生长势强，株高70～90cm，高者达1m以上，叶窄披针形，深绿色。姜块肥大，鲜姜呈乳白色至浅黄色，嫩芽粉红色，外形美观，纤维少，肉质细嫩，辛香味浓，辣味适中，品质优，除蔬食外，还适于腌渍和糖渍（彩图6）。

当地通常于4月下旬～5月上旬播种，高畦栽培，搭高棚遮阴，10月下旬收获。单株根茎重300～500g，亩产鲜重1500～2000kg。

6. 广州肉姜

广州肉姜为广东省广州市郊农家品种，在当地栽培历史悠久，分布较广。广州肉姜在广东省普遍栽培，多行间作套种。除供应国内市场外，大量出口供应国际市场，加工的糖姜是广东的出口特产之一。当地栽培主要有以下两个品种。

（1）疏轮大肉姜　又称单排大肉姜，植株较高大，一般株高70～80cm，叶披针形，深绿色，分枝较少，茎粗1.2～1.5cm。根茎肥大，皮浅黄色而较细，肉黄白色，嫩芽为粉红色，姜球呈单层排列，纤维较少，质地细嫩，品质优良，产量较高，但抗病性稍差（彩图7）。一般单株根茎重1000～2000g，亩产约1000～1500kg。

（2）密轮细肉姜　又称双排肉姜，株高60～80cm，叶披针形，青绿色，分枝力强，分枝较多，姜球较少，呈双层排列。根茎皮、肉皆为浅黄色，肉质致密，纤维较多，辛辣味稍浓，抗旱和抗病力较强，忌土壤过湿，一般单株根茎重700～1500g，亩产为800～1000kg（彩图8）。

7. 湖北来凤凤头姜

湖北来凤凤头姜因其形似凤头而得名，主产于湖北省恩施土家族

苗族自治州来凤县。该品种植株较矮，叶披针形，绿色。根茎黄白色，嫩芽处鳞片为紫红色，姜球表面光滑，品质优良，风味独特，鲜子姜无筋脆嫩、富硒多汁、辛辣适中、美味可口，远销东南亚市场（彩图9）。生姜在来凤具有500多年的种植加工历史，是本县闻名于全国的传统土特产，全县年产生姜超过4.5万吨，产量居全省之首。

该品种通常于当地4月下旬~5月上旬种植，10月下旬~11月初收获，一般亩产1500~2000kg。

8. 兴国九山生姜

兴国九山生姜是江西名特蔬菜之一，为兴国县留龙九山村古老农家品种。该品种株高一般为70~90cm，分枝较多，茎秆基部带紫色有特殊香味，叶披针形、绿色。根茎肥大，姜球呈双行排列，皮浅黄色，肉黄白色，嫩芽浅紫红色，粗壮无筋，纤维少，肉质肥嫩，辛辣味中等，品质佳，耐储耐运，故有“甜香辛辣九山姜，赛过远近十八乡，嫩如冬笋甜似藕，一家炒菜满村香”之美传（彩图10）。

当地通常于4月上中旬播种，6月初收取种姜，10~12月采收鲜姜。

9. 鲁山张良姜

鲁山张良姜出产于河南省鲁山县张良镇，有2200多年的种植历史。植株生长势强，株高90~100cm。分枝性较强，叶深绿色，根茎肥大。鲜姜外皮光滑，呈黄白色至浅黄色，嫩芽粉红色，比较粗壮。姜块呈手掌状，块大皮薄，含水量低，纤维含量少，辛辣味重，品质良好（彩图11）。

一般单株根茎重450~650g，亩产约1700kg，该品种储运性好，抗病性中等。

10. 山农大姜1号

该品种由山东农业大学选育而成，是以莱芜大姜为材料，利用常规诱变和生物技术育种相结合的方法选育出的性状优良而稳定的生姜新品种。

该品种叶片平展、开张，叶色深绿。上部叶片集中，有效光合面积大。抗寒性强，进入10月后，莱芜姜上部叶片明显变黄，而该品种仍维持绿色。姜苗少且壮，相同栽培条件下，地上茎分枝只有10~15个（彩图12）。单产高，增产幅度大，亩产高达6000~7500kg。

第三章
生姜露地安全高效栽培技术

总体来说，我国生姜露地栽培投资比较少，管理相对简单。多年来，受环境条件和生产习惯等因素的影响，生姜产量大都在亩产3000kg左右，但如果改变一些传统的生产方式，加强病虫草害综合防治，努力实现生姜的标准化和规范化生产，获得5000kg的亩产也是很有可能的，种植效益也会大大增加。

第一节　选种姜与培育壮芽

一、选种姜

生姜的品种比较多，各地区品种之间差异较大，应结合实际选择长势好、产量高、适宜本地区栽植、市场需求量大的优良品种作为种姜。如果种姜的选择不恰当，会导致生姜出苗不整齐、长势弱，严重影响生姜的产量和品质。

选用种姜时，宜选用姜块肥大、丰满，皮色光亮，肉质新鲜，不干缩，不腐烂，未受冻，质地硬，无病虫害的健康姜块作种，如图3-1所示。姜从催芽到“三股杈”期所需的营养主要来自于种姜，只有种姜健壮，才能提供充足的营养，保证在生姜根系吸收到足够的营养之前植株生长良好，避免出现营养供应不足的情况。若选用的种姜块较小，则无法满足前期植株生长所需的营养，植株必然长势弱，产量也低。

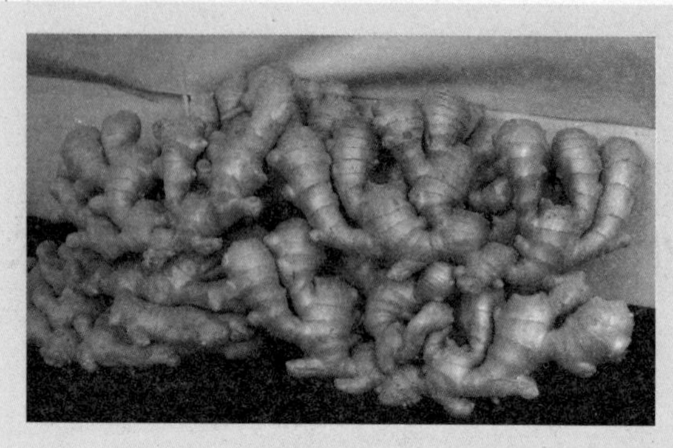
图 3-1　健康的种姜

二 培育壮芽

培育壮芽是生姜获得丰产的基础。壮芽从其外部形态上看，芽身粗壮钝圆，弱芽则芽身细长，芽顶尖细，如图 3-2 所示。生姜种芽的强弱与种姜的营养状况、种芽着生的位置及催芽的温度和湿度等因素有关。

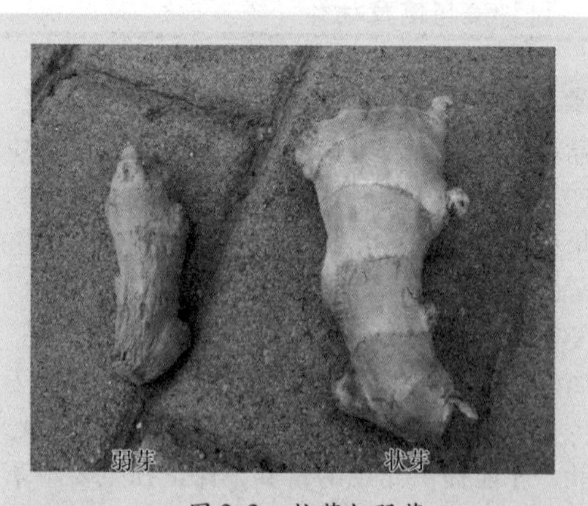

图 3-2　壮芽与弱芽

1. 影响壮芽的因素

（1）种姜的营养状况　俗话说“母壮子肥”。一般情况下，凡

种姜健壮鲜亮者，新长的姜芽多肥壮；而种姜干瘪瘦弱的，新长的姜芽多数瘦弱。

（2）种芽着生的位置 由于存在顶端优势，种姜上部芽及外侧芽多数肥壮；而基部芽和内侧芽多数瘦弱。

（3）催芽的温度和湿度 在22～25℃的温度下催芽，新生芽健壮；若催芽温度过高，长时间处在30℃以上，则新长的幼芽瘦弱细长。催芽期间湿度过低，种芽易瘦弱。

2. 培育壮芽的方法

培育姜芽是我国姜农从事生姜生产中的一个重要流程，通常包括晒姜、困姜和催芽3个步骤。

（1）晒姜 播种前30天左右（北方多在清明前后，南方则在春分前后），从储藏窖里将种姜取出，洗净泥土，平铺在室外空地上或草席上晾晒1～2天（图3-3），夜间收进室内以防受冻。通过晒种，可提高姜块温度，打破休眠，促芽早发，并减少姜块水分，防止姜块腐烂。晒种还可使病姜干瘪皱缩，色泽灰暗，病症明显，因而便于及时淘汰病姜。

图3-3 晒姜

【提示】 晒姜要适度，切不可曝晒。当阳光强烈时，可用遮阳网或席子等遮阴，以免姜块失水过多、干缩，致使出芽细弱。

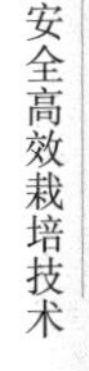

（2）困姜 姜块晾晒1～2天后，再置于室内堆放3～4天，用草帘或农膜覆盖，可促进姜块内养分分解，此过程称作“困姜”（图3-4）。经过2～3次的重复，经过8～10天，晒姜、困姜结束。

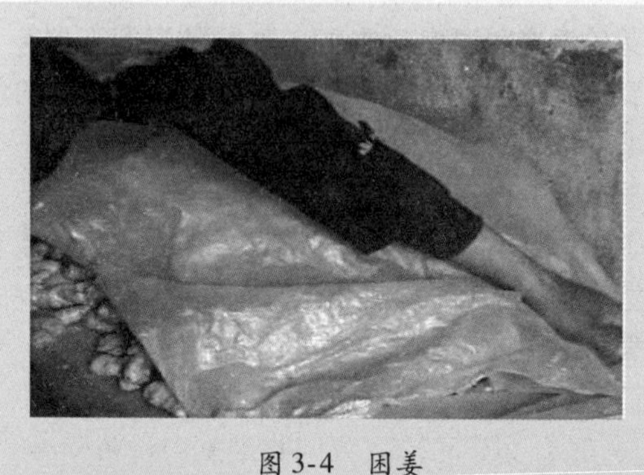

图3-4 困姜

【提示】种姜在晒、困过程中及催芽前必须严格进行选种，及时淘汰瘦弱干瘪、肉质变褐及发软的姜块（彩图13）。

（3）催芽 种姜催芽可促使幼芽提前萌发，带芽种植的出苗快而整齐，从而延长其生长期，为提高产量奠定了基础，因而催芽是一项非常重要的增产措施。催芽的方法很多，各地区可因地制宜，加以利用。常用的催芽方法有室内催芽池催芽、室外土炕催芽、熏烟催芽、阳畦（冷床）催芽、电热毯催芽及温室催芽等。现简单介绍几种常用的催芽方法。

1）室内催芽池催芽法（图3-5）。在房内一角用砖砌一个长方形的催芽池，池高约80cm，池的长度和宽度依种姜数量而定。放种姜前，先在池底及四周铺1层麦穰，约10cm厚，麦穰上再铺上2～3层草纸。选晴朗的天气在最后一次晒姜后，趁姜块温度较高时，将种姜层层移放在池内，堆放厚度以50～60cm为宜。种姜排好以后，散散热，第二天盖池。盖池前先在姜堆上铺10cm左右的麦穰，再盖上棉被保温。10～12天后，幼芽开始萌动，再过10天左右，幼芽可长至0.5～1.5cm，此时可以下地播种。

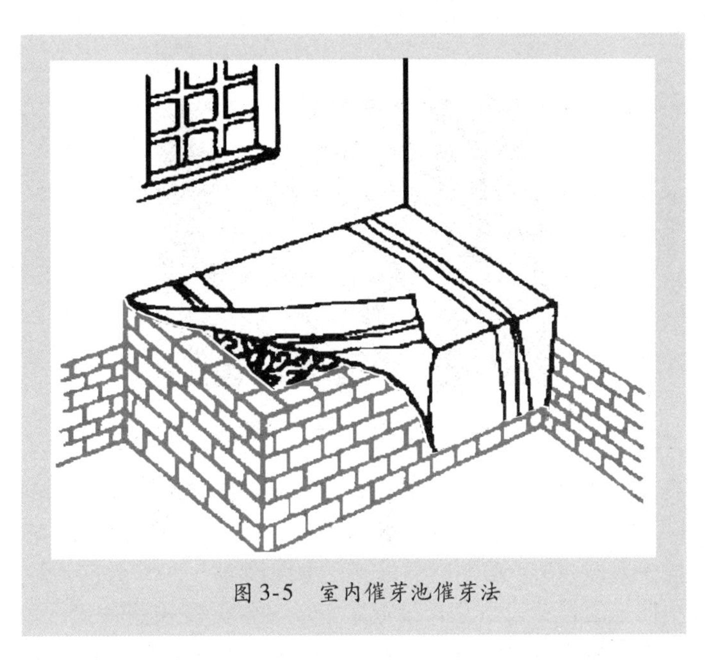

图 3-5　室内催芽池催芽法

2）阳畦催芽法。选避风向阳地点，按东西向挖筑床框，框口北高南低，东西两侧由北向南倾斜，床深 25～30cm。将床底土壤耧平，铺垫一层 10cm 厚的麦穰，放入厚为 25cm 左右的种姜，姜块上再盖一层 15cm 厚的麦穰，在框口架放细竹，再在其上覆盖透明塑料薄膜。白天在阳光下晾晒，夜晚盖草帘保温，有条件者还可在阳畦内铺地热线加温。当床温超过 25℃时，适当揭开薄膜通风降温，使床温保持稳定。

3）电热毯催芽法（图 3-6）。在房内干净的地上或床上先铺一层 10cm 厚的干麦穰，再铺一层农膜，上面铺上电热毯，然后再铺一层农膜，上面再铺一层 2～3cm 厚的干麦穰，做成催芽床。晴暖天气将种姜层层堆放在干麦穰上，堆放厚度为 50～60cm。若堆放过厚，则温度高，湿度大，容易引起烂种；反之，则不利于催芽。在种姜上面再盖一层 10cm 厚的麦穰，麦穰上铺一层旧棉被，之后接通电源，把温度控制在 25℃左右，10～12 天后姜堆内部温度升高，再将温度调低到 20℃，若湿度过大，中午可把棉被掀开 1～3h，再盖上

即可。经过20~25天，当幼芽生长到0.5~1cm时，即可播种。

图3-6　电热毯催芽

具体催芽方法各地区可根据实际情况灵活运用，但不论采用哪种催芽方法，催芽过程中最重要的管理工作是调节温度。催芽常采用三段变温催芽法：前期高温催芽，温度以28~30℃为宜，促芽萌发；中期平温长芽，当芽长接近0.5cm时将温度控制在25~28℃，以利于形成粗、短的壮芽；后期低温炼芽，当芽长为1cm时逐渐降至16~18℃，进行炼芽。

【提示】　生姜壮芽的形态标准：幼芽长0.5~1.0cm，粗0.7~1.0cm，黄色鲜亮，顶部钝圆，芽身粗壮、基部有根突起，如图3-7所示。

图3-7　生姜壮芽

第二节　露地栽培与管理技术

一　整地、施肥

由于生姜的根系不发达、在土层中的分布较浅，因而在生育期内表现为既不耐旱也不耐涝。所以选择姜田时应选地势较高、土层深厚、有机质丰富、能排能灌和呈微酸性的肥沃壤土。若条件允许的话，最好实行轮作。如果地块近 2 ~ 3 年内发生过姜瘟病则不能种姜。

姜田选定后，在前茬作物收获后进行秋耕晒垡。第二年土壤解冻后，耙一遍，并结合耙地施入农家肥。生姜生育期长，须施足基肥，一般每亩施优质腐熟有机肥 3000kg、过磷酸钙 50kg 和硫酸钾 50kg。2/3 的肥料结合整地普施，1/3 的肥料以沟施为宜。为防止地下害虫，每亩用 3% 辛硫磷颗粒剂 2kg 拌土 12 ~ 15kg 撒匀，然后将地耙细整平。

北方地区多采用开沟播种。具体做法是在整好的地块上开沟，沟距 50cm，沟宽 25cm，沟深 15 ~ 20cm。为方便浇水，沟不宜太长，最好不超过 50m。如果地块过长，则开腰沟种植。

南方地区由于雨水较多，一般多采用高畦栽培方式，以便于防涝。具体做法是：做畦宽 1.2m，畦间沟宽 30cm、深 20cm 左右的高畦，种生姜 3 行；有的地方则采用 3 ~ 4m 宽高畦，在畦面上横向按 35 ~ 40cm 行距开深 10 ~ 13cm 沟栽培生姜。

长江流域及其以南地区夏季多雨，宜作高畦栽培。畦南北向，畦长不超过 15m，如果田块较长，则在田中开腰沟。畦宽 1.2m 左右，畦沟宽 35cm、深 15cm。在畦上按行距 50cm 左右、沟深 10 ~ 13cm 开东西向种植沟栽培生姜。

二　播种

1. 适期播种

根据发芽所需的温度，在 10cm 地温稳定在 16℃ 以上时播种，确保 135 ~ 150 天的生姜适长时间。北方地区露地栽培一般于 4 月中下旬播种。

2. 掰姜种

播种前进行掰姜种（图3-8），把经过催芽的大姜块掰成50～75g的小块，一般一块只保留1个短壮芽，少数根据情况保留2个，其余幼芽全部去除，以便使养分集中供应主芽，保证苗壮苗旺。掰姜种时如果发现幼芽基部发黑或掰开的姜块断面褐变应予以淘汰，掰姜种的过程实际上也是块选和芽选的过程。种姜越大，出苗越早，苗越壮，产量越高，一般每亩用种量400～500kg。

3. 浸种

（1）药剂浸种 为了预防种姜带菌，播种前应对种姜进行消毒处理，浸种后再取出晾干备播。常用浸种消毒方法如下。

1）用1%波尔多液浸种20min（图3-9）。

图3-8 掰姜种

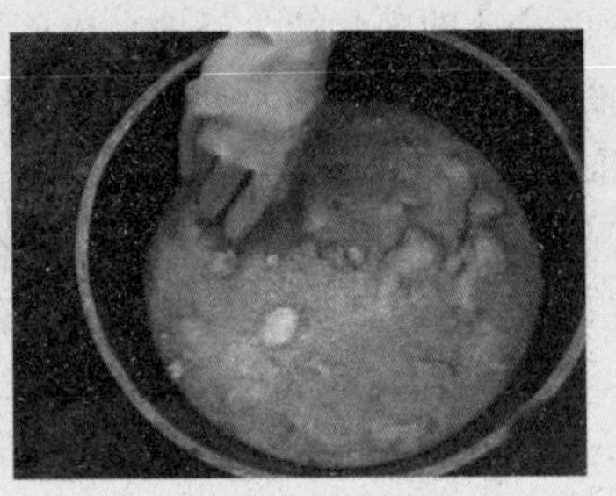
图3-9 波尔多液浸种

2）用甲醛100倍液浸种6h。

3）用草木灰浸出液浸种20min或1%石灰水浸种30min。

4）其他种姜浸种消毒方法：用77%多宁（硫酸铜钙）可湿性粉剂400～600倍液浸种30min、根叶康1000倍液浸种25～30min、3%中生菌素可湿性粉剂800～1000倍液浸种姜1～2h及20%噻菌铜悬浮剂500倍液浸种姜15～30min等。

（2）植物生长调节剂浸种 播种前，将掰好的姜块放在250～500mg/L的乙烯利溶液中浸泡15min，其目的是促进植株分枝、增强长势、提高产量。

4. 浇底水

由于生姜发芽慢，出苗时间较长，如果土壤水分不足，将会影

响幼芽的出土与生长，并且在出苗期间浇水容易造成土表板结，影响出苗。因此，为保证幼芽顺利出苗，必须在播种前浇透底水（图3-10）。浇底水一般在沟内施肥后进行，浇水量不宜过大，否则姜垄湿透，不便下地操作。

图3-10　浇底水

5. 摆放种姜

待底水渗下后即可将种姜按照20cm左右的株距摆放在沟内，通常有平播法和竖播法两种种姜摆放方法。平播法是将种姜压入土中，使姜芽与土面相平，并使姜芽方向保持一致。这种方法播种的种姜与新姜的姜母垂直相连，便于扒老姜。还有一种方法是竖播法，是将种姜一律竖着插入泥中，这种方法不易扒老姜（图3-11）。

图3-11　摆放种姜

6. 覆土

播种后为防止日晒伤芽，应立即覆土盖住姜块及姜芽。覆土应用垄上的细湿土，一般覆土厚度以4～5cm为宜（图3-12），不能太厚，否则影响姜芽出苗，也不能太薄，以免落干。

图3-12 覆土

7. 地膜覆盖

生姜不耐霜冻，因此，露地栽培的生姜生长期较短是限制其产量提高的重要因素之一。从20世纪80年代开始，地膜覆盖开始陆续应用于生姜的栽培生产。其优点是不仅可以提早播种，延长生育期，提高产量，还能增温保湿、抑制杂草的生长，减少中耕次数，从而省工省力，降低生产成本。具体做法是：生姜播种覆土后，趁土壤湿润时喷施除草剂，喷药时操作人员应倒退操作，喷药后保持地面湿润；将透明地膜拉紧盖于沟两侧的垄上，地膜边上用土压紧，一般一幅地膜可盖两行。种姜出苗后，待幼苗在膜下长至1～2cm时，应及时将幼苗上方的膜划破放苗出膜，并用细土将苗孔周围盖好，以利于保温、保墒。

（1）单层膜覆盖 采用地膜覆盖栽培生姜可提早25～30天播种，比不覆膜增产20%以上。具体做法：播种后用宽1.2m的地膜拉紧盖于沟两侧的垄上，取土压紧地膜，使沟底与膜的距离保持15cm左右，一幅地膜盖两行（图3-13）。幼芽出土后，待苗与地膜接触时，打孔引出幼苗。

【提示】 播种后先喷施除草剂，然后覆盖地膜，一般于6月下旬撤去薄膜。

图3-13 地膜覆盖

（2）双层膜覆盖 还可利用透明和黑色地膜双膜覆盖，效果较好。具体做法：4月中旬在生姜播种后，随即盖上透明地膜；5月上旬生姜出苗前在透明地膜上加盖一层黑色地膜。黑膜的主要作用是遮阴，达到降温、保湿、节水、除草的目的。这种做法不但能使遮阴成本降低200～300元/亩，还能增产30%～40%，是目前值得推广的一项生姜高效栽培新技术。

8. 合理密植

合理密植是实现生姜高效栽培的重要条件。一般低肥水姜田，行距50cm、株距15cm，每亩种9000株左右；中肥水姜田，行距50cm、株距17cm，每亩种8000株左右；高肥水姜田，行距50cm、株距20cm，每亩种7000株左右。

【提示】 确定合适的密度必须综合考虑各方面的因素，比如土壤肥力状况、管理水平、种姜的品种及地区因素等。

三 田间管理

1. 遮阴

生姜属于耐阴性作物，不耐强光和高温，而其幼苗期正处于夏季高

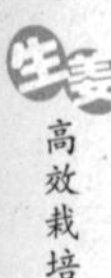

温季节，天气炎热，光照较强，因此生姜栽培必须进行遮阴处理。

生姜遮阴方法多样，但无论采取何种方式，一般均需遮光60%～70%，使姜苗处于“花荫”环境下即可。入秋天气转凉以后，要及时去除遮阴物，以加强光合作用和养分的积累。长江流域多在6月上中旬遮阴，8月下旬～9月初拆除，华南和华北地区可适当提前或延后。

北方姜区传统的遮阴方式是“插姜草”。通常于生姜播种后，趁土壤潮湿时在种植行的南侧（东西行）或西侧（南北行）15cm左右插上谷草，并编织成高度约80cm的花篱笆用来遮阴，也可用玉米秸秆或树枝等来代替。目前，遮阳网等材料逐渐用于姜苗遮阴，效果良好。南方姜区则采用“搭姜棚”遮阴，具体做法是：幼苗出土后在畦面用竹竿搭棚，然后再在上面覆盖麦草遮阴，如图3-14～图3-16所示。

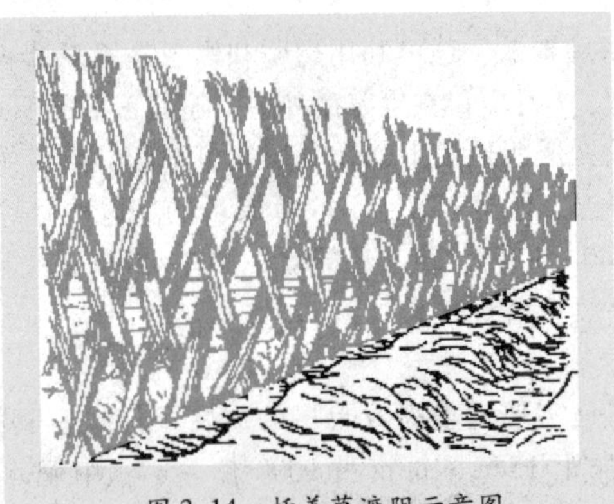

图3-14　插姜草遮阴示意图

图3-15　用树枝、打孔黑膜、遮阳网遮阴

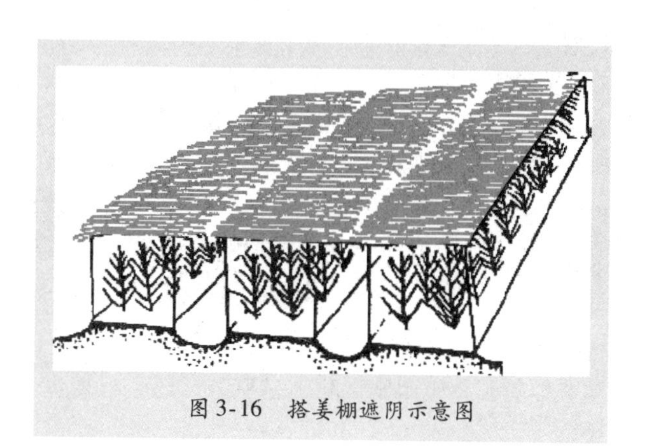
图 3-16　搭姜棚遮阴示意图

2. 水分管理

生姜的根系很浅，主要分布在土壤表层，因而不耐干旱，需要经常浇水。但生姜也不耐涝，如果浇水过多则影响其根系发育，引发姜瘟病等病害，因此合理浇水是关键。

（1）发芽期水分管理　一般情况下，出苗率达到70%时开始浇第一水，浇后及时中耕保墒。浇水不宜过早或过晚，浇得太早，土壤容易板结造成出苗困难。浇得太晚则幼苗易受旱干枯。发芽期可根据土壤墒情浇灌第二水，但此期不宜浇水过多、过勤，以提高地温，促早出苗。

【提示】　底水要浇透，初水要根据当地的土质及墒情灵活掌握，酌情浇水，防止土壤表面板结，影响出苗。

（2）幼苗期水分管理　生姜幼苗期植株较小，需水量相对较少。但由于根系不发达，吸水能力差，故应小水勤浇，浇完及时中耕保墒。浇水时间夏季以早晚为宜，暴雨过后应该及时排涝。

【提示】　生姜苗期应小水勤浇，及时划锄，注意排涝。

（3）旺盛生长期水分管理　8月以后（立秋），植株生长开始进

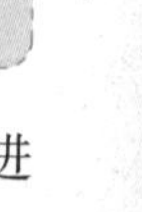

入旺盛生长期，地上部生长旺盛，地下部根茎迅速膨大，此期植株生长最快，对水分的需求量大。一般每5~7天灌水1次，入秋以后雨水增多，要注意及时排涝，防止姜田积水引发姜块腐烂。收获前3~4天可再浇1次水，收获时姜块上带有潮湿泥土，利于下窖储藏。

【提示】 在生姜旺盛生长期灌溉时间应掌握在天凉、地凉、水凉时进行，以浇深、浇透、不积水为原则。

3. 分次追肥

生姜生长期较长，极耐肥。除施基肥外，还需根据生长状况进行合理追肥。

1）发芽期主要依靠种姜养分生长，一般无须追肥。

2）幼苗期植株需肥量不大，但幼苗期较长，为使幼苗健壮生长，通常在苗高30cm左右并具有1~2个小分枝时进行第一次追肥，称为“小追肥”或“壮苗肥”。可随浇水冲施腐熟的粪肥500kg/亩、尿素10kg/亩、硫酸铵15~20kg/亩或沼液肥500kg/亩。

3）7月底~8月初植株进入旺盛生长期，此时应结合除草或拆除地膜进行第二次追肥，又称“大追肥”或“转折肥”，这次追肥对促进根茎膨大并获取高产起重要作用。可在拔除杂草后于姜沟北侧（东西向沟）或东侧（南北向沟）距植株基部15cm左右处开深沟，将肥料施入沟中后覆土封沟培垄，使原来姜株生长的定植沟变为垄，原来的垄变为沟，最后浇透水。一般每亩施饼肥75kg、尿素30kg、硫酸钾10kg、硫酸锌0.5kg及硼砂0.25kg。

【小窍门】>>>>

生姜追肥应选用肥效完全而持久的菜籽饼或豆饼，忌用新鲜黄粪和马粪，否则易使病害严重。追肥的种类与产品用途有关，如果用来作干姜的，在旺盛生长期中应多追施草木灰；用来作为菜用嫩姜的，则应多施氮肥。

9月中旬，当姜苗具有6~8个分枝时，也正是其根茎迅速膨大时期，此时植株地上部生长基本稳定，生长中心转为根茎，可在此期进行第三次追肥，也称“补充肥”。一般每亩追施硫酸铵 10～15kg、硫酸钾 15～20kg 或复合肥 25kg。追肥可在垄下外小沟施入，也可将肥料水溶后顺水冲施。而对土壤肥力较高、植株生长繁茂的姜田，则应酌情少施或不施，以免茎叶徒长，影响养分向根茎中积累。

【栽培禁忌】 生姜施肥忌前重后轻，否则易造成前期姜苗徒长，后期脱肥，植株枯黄早衰，产量降低。还应注意氮、磷、钾及微量元素配合施用，忌偏施氮肥，以免植株地上部徒长，造成减产。

4. 中耕除草

我国农谚有“九锄棉花，十锄姜”之说，说明生姜中耕除草的重要性。生产上一般结合灌水、施肥、培土每月中耕 1～2 次，以疏松土壤，促进根茎发育。

生姜属于浅根性作物，不宜深耕。在实际生产中，地膜栽培的生姜在撤膜前无须中耕；露地栽培的生姜一般要在出苗后，结合浇水或雨后浅中耕 1～2 次，起保持土壤墒情、防止土壤板结、提高地温和清除杂草的作用。

姜田除草的方法，南、北方各姜区各有不同。南方地区多采用中耕除草方法，要求掌握“早、勤、浅、细”四大要领。北方地区生姜由于苗期雨水相对较少，土壤不易板结，多采用化学除草方法。目前生姜田中应用效果较好的除草剂有氟乐灵、胺草磷、扑草净等，应根据说明书施用，防止发生药害。

5. 培土

生姜根茎生长膨大需要黑暗、疏松和湿润的环境，为了防止根茎膨大外露，因而需要进行分次培土，如图 3-17 所示。

山东各姜区，一般在立秋前后，结合大追肥和拆除姜草时进行第一次培土，培土厚度为 3～6cm，将原来垄背上的土培在植株的基部，变沟为垄。此后，每隔 15～20 天，结合浇水、追肥进行第二次和第三次培土，逐渐把垄面加宽、加厚，为根茎生长创造适宜的土壤环境，还可以稳定植株，防止倒伏。

图 3-17 培土

南方姜区，一般从夏至收娘姜时开始结合中耕、除草和追肥进行第 1 ~ 4 次培土。如安徽铜陵姜区，一般于收娘姜后结合锄地进行第一次培土，7 ~ 10 天后再培高 10cm，半月后进行第三次培土，最后一次培土结束时要求培成 18 ~ 20cm 高的土埂。若收嫩姜，培土应高一些，起软化作用。若收干姜，则培土宜浅一些，使根茎粗壮。每次培土时均需注意不可伤根、伤苗。

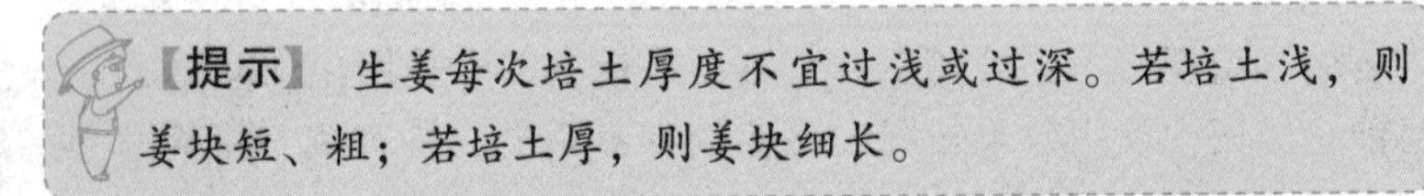

【提示】 生姜每次培土厚度不宜过浅或过深。若培土浅，则姜块短、粗；若培土厚，则姜块细长。

四 生姜的富硒生产技术要点

(1) 硒元素对人体的作用 硒是人体必需的微量营养元素，是部分重金属元素的天然解毒剂，能有效提高人体的免疫机能，在防癌、抗癌方面发挥重要作用。

(2) 富硒生姜标准 经检测，生姜中硒含量大于等于 10μg/kg 时为富硒生姜。

(3) 喷施硒肥 生产富硒生姜，可选用有机硒叶面肥进行喷施，硒元素含量不低于 1.5%，如“锌硒葆”等（具体用量可参考说明书进行）。一般在进入生姜旺盛生长期时施用，每 10 天喷 1 次，共喷3次。由于生姜叶片光滑，喷施前在药液中可添加适量有机硅展着剂或中性洗衣粉。

【注意】 喷施应在清晨和傍晚温度较低时进行，高温条件下不宜喷施；硒肥可与酸性、中性农药配施，但不宜与碱性农药混合使用。若喷施硒肥后4h之内遇大雨冲洗，应补施1次。采收前20天停止喷施硒肥。新鲜生姜的硒标准含量为10~50μg/kg。

（4）根施硒肥 生产上还可结合施肥、浇水根施纳米硒植物营养剂（主要成分为亚硒酸钠），通过生姜光合作用将纳米硒吸收并转化为安全的生物有机硒，从而提高了生姜硒含量。

五 适时收获

生姜的采收可分为收种姜、嫩姜和老姜（或鲜姜）3种。

1. 收种姜

生姜与其他作物不同，种姜发芽长成新株后，留在土中不会腐烂，重量一般也不会减轻，辣味反而会增强，仍可回收食用，南方称之为“偷娘姜”，北方则称“扒老姜”。一般在苗高20~30cm，具有5~6片叶，新姜开始形成时，即可采收。采收方法：先用小铲将种姜上的土挖开，一手用手指把姜株按住，不让姜株晃动，另一手用狭长的刀子或竹签把种姜挖出。采收时注意多挖土、少伤根，收后立即用土将挖穴填满拍实。出口生姜或在生姜腐烂病严重的地块不宜收种姜，而应等到收嫩姜或生长结束时随老姜一起采收。

2. 收嫩姜

初秋天气转凉，在根茎旺盛生长期，植株旺盛分枝，形成株丛时，趁姜块鲜嫩，提前收获，称为收嫩姜。此时采收的新姜组织鲜嫩、辣味轻、含水量多，适宜于加工腌渍、酱渍和糖渍。收嫩姜越早产量越低，但品质比较好；采收越迟，则根茎越成熟纤维增加、辣味加重、品质下降，但产量提高，故应适时采收。

3. 收老姜（或鲜姜）

一般在当地初霜来临之前，植株大部分茎叶开始枯黄，地下根

状茎已充分老熟时采收。选晴天挖取，一般应在收获前2~3天浇1次水，使土壤湿润，土质疏松，以便于采挖。收获时可用手将生姜整株拔出或用镢将整株刨出，轻轻抖落根茎上的泥土，剪去地上部茎叶，保留2cm左右的地上残茎，摘除根，不用晾晒即可储藏，可防晒后表皮发皱。

六 留种

留种用的姜块在生长期间应多施钾肥（草木灰等），少施氮肥（尿素等）。大田收获时选择植株健壮、姜块充实、无病虫害感染、无损伤的姜块，进行晾晒后，储藏做种。

七 储藏

生姜储藏适宜温度以11~13℃、湿度90%~95%为最好。若温度低于10℃，生姜易受冷害不能长期储藏；若温度高于15℃，则生姜储藏期间易发芽，病害发生严重。湿度过低，姜块易失水萎蔫，降低食用品质。田间发病的姜块也不宜储藏。

第三节　生姜的连作障碍（重茬）克服技术要点

作物连作障碍（重茬）是指同一作物或近缘作物连作以后，即使在正常管理的情况下，也会产生产量降低、品质变劣、生育状况变差的现象。生姜为不耐连作作物，但在生姜主产区同一田块连作种植生姜的现象很普遍，由于生产配套技术的相对落后和病害防治技术缺乏等原因，生姜连作田的病害率比非连作田平均高出35%~50%，有的甚至绝收，因此在生姜栽培上应采取多种技术措施克服连作障碍，以确保生姜持续增产增收。

一 作物连作障碍产生的原因

1）多年连作后，作物根系分泌物破坏了土壤的团粒结构，从而影响了土壤的孔隙度、容重、含水量和保水能力，造成土壤板结。

2）连作条件下，作物根系分泌物中低分子量的有机酸释放的氢离子（H^+）不断积累，使土壤酸性增强，生姜连作3~4年后土壤pH可降至5~5.5，从而严重影响其生长。此外，作物根系分泌物和

枝叶残体分解所产生的酚酸类化合物等作物毒素也是导致作物连作障碍的重要因子。

3）连作还对同种类或其他作物产生化感作用。

4）多年连作不仅使原有土传的细菌、真菌等病害和根结线虫等虫害潜伏越冬得以生存，同时连作产生的根系分泌物和枯根、枝叶残体为根际微生物的繁衍提供了氮源和碳源。

5）长期连作造成根系活力、光合速率降低，产量显著下降。生姜连作病害产生的主要原因有带菌种姜传病、气候因素、肥水传病和带菌土壤传病等。此外，常年连作后土壤养分供应失衡，硼、铁、锌等微量元素缺乏，土壤理化性状恶化等因素均加重生姜连作病害，从而导致生姜产量和品质的下降。

二 克服生姜连作障碍的技术措施

1. 农业措施

（1）精选种姜，药剂处理 在生姜收获前，可从无病姜田严格选种，单收单藏，对姜窖进行及时消毒。选择肥大、丰满、皮色光亮、肉质新鲜、不干缩、不腐烂、未受冻、质地硬、无病虫害的健康姜块作种用。严格淘汰瘦弱干瘪、肉质变褐及发软的姜块，尤其是掰开后断面褐变的姜块。选好种姜后，要进行药剂浸种处理。

（2）轮作换茬 土传病害姜瘟病菌可在土壤中存活 2 年以上，轮作换茬是切断土壤传菌的主要途径。对发病重的地块，最好与禾本科或葱蒜类作物轮作 3～4 年，但不宜与番茄、茄子、辣椒、马铃薯等茄科作物轮作。

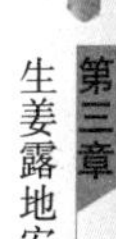

（3）适当深耕 深耕宜打破犁底层，耕深以 25cm 左右为宜。生产上宜冬前深耕，若结合进行冬灌效果更好。

（4）增施有机肥 有机肥肥效缓慢，但养分全面，生姜生产上提倡重施有机肥。一般地力可每亩施优质圈肥4500～5000kg，有机肥中可配施钙、镁、磷肥 100～150kg。有条件的地区可实行小麦、玉米或油菜秸秆等作物秸秆还田。秸秆还田可以有效改善土壤理化性状，减缓土壤次生盐渍化，增加土壤保肥蓄水能力，还能起到强化微生物相克的作用，对防治和抑制有害菌效果很好。另有研究认为在生姜田间施用蚯蚓生物肥对其连作障碍的克服具有良

好效果。

(5) 配方施肥 在测土基础上根据生姜的养分需求规律合理配方施肥，可通过基施或中后期根外施肥等方法适当增施锌、硼等微量元素。微量元素的补给是解决重茬栽培土壤矿物质营养含量降低和失去平衡的重要手段。

(6) 精细管理 姜田所用肥料应保证无病菌，不能用病残体及带菌土壤沤制土杂肥，所用的有机肥必须经过充分腐熟。姜田采用无污染的地下水灌溉，严禁把病株向水渠及井中乱扔。要采用塑料软管灌溉或滴灌，使水绕过发病地带。在田间发现病株后，应及时拔除中心病株及四周0.5m以内的健株，挖去带菌土壤，将病残体集中深埋或药物处理，在病穴内撒施石灰，然后用干净的无菌土填平，周围筑土埂，防止病菌扩散蔓延；收获后及时清理姜园等。

2. 物理防治

夏季利用防虫网防虫和遮阳网遮阳、降温。防虫，可根据昆虫的趋黄性、趋蓝性和趋光性等特点，在姜田内悬挂黄板、蓝板或黑光灯等诱杀成虫，以减轻病虫害传播的途径。

3. 化学防治

(1) 土壤消毒 可于生姜播种前20天结合整地、浇水，用氰氨化钙进行土壤消毒，每亩用量60～75kg。氰氨化钙可促进有机物腐熟和有机肥的发酵，提高有益微生物活性，改善土壤酸碱度，使土壤得到修复和还原，同时还能补充钙素，预防姜瘟病、癞皮病，减轻土传病害，抑制杂草萌发，减少地下害虫的发生。也可采用生石灰粉消毒方法，一般每平方米均匀撒施生石灰粉50～75g。

(2) 病虫害综合防治 在连作生姜生育期间，病虫害防治应坚持“预防为主，综合防治”的植保方针，具体方法参照生姜主要病虫草害诊断与防治技术一章。

4. 生物防治

(1) 天敌防虫 可利用有益天敌草蛉、丽蚜小蜂、捕食螨等防治多种虫害。

(2) 选用抗重茬剂 生姜田可用的抗重茬剂有重茬1号、重茬EB、重茬灵、抗击重茬、CM亿安神力、泰宝抗茬宁及“沃益多”

生物菌剂等。生姜常用抗重茬剂作用特点与施用技术见表3-1。

表3-1　生姜常用抗重茬剂作用特点与施用技术

名　称	剂　型	作用特点	施用方法
重茬1号	微生物菌剂，集氮、磷、钾、微量元素活化为一体。	抑制病菌，抗病害；活化养分，营养全面；疏松土壤，改善土壤环境；促根壮苗，提质增产	①拌种：种姜用清水浸湿，捞出控干后，将药剂撒在种姜上拌匀，阴干后播种。②拌土（肥）：用药剂拌土或拌肥均匀撒于种子沟或全田撒施。③灌根：药剂用水稀释后，用喷雾器去喷嘴灌根或随水冲施
重茬EB	纯生物制剂	含多种有益微生物，可疏松土壤，活化养分；抑制有害病菌，抗重茬，提高作物免疫力，使生姜少得或不得重茬病	每亩用2kg与细土拌匀后撒施
重茬灵	生物叶面肥	内含多种有益活性菌群、脂类、糖类、抗生素及植物生长促进物质，兼有营养、抗病双重功效，一般增产30%	每亩用100mL兑水稀释成800~1000倍液叶面喷施，每7~15天喷1次，共喷2~4次。喷雾要均匀，以叶面有水滴为度
“沃益多”生物菌剂	纯生物制剂	产生多种活性酶类，可作用于根系，刺激根系分泌抗生素等大量代谢物和次生代谢物；可有效干扰根结线虫、真菌和细菌等土传病虫害的正常代谢；调节土壤PH趋于中性；有利于土壤团粒结构形成和植物自身抗病机制的增强	施用前，加“沃益多”营养液激活3天，用水稀释至30kg，加适量甲壳素诱导。随水冲施或用喷雾器去喷嘴灌根

（续）

名　称	剂　型	作用特点	施用方法
抗击重茬	含微量元素型多功能微生物菌剂	活化土壤，改良品质；抑菌灭菌，解毒促生；平衡施肥，提高肥效；增强抗逆，助长促产	可作种肥或追肥，每亩用量1～2kg
泰宝抗茬宁	生物制剂	可杀菌抑菌，提高肥料利用率，调节土壤pH，疏松土壤防止板结，促进根系发育等	可0.25%拌种、50∶1土药混拌撒施或药剂500倍液灌根或冲施
CM亿安神力	复合微生物制剂	可改善土壤理化性质，抑菌杀虫，提高作物光合作用等	①蘸根、浸种：用100mL亿安神力菌液加水3kg（30倍稀释）即蘸即栽。②药剂500倍液灌根

第四章
生姜轮作与间作套种技术

第一节 生姜栽培季节和轮作方式

一 生姜栽培季节

生姜为喜温暖、不耐寒、不耐霜的蔬菜作物，所以生产上须将生姜的整个生长期安排在温暖无霜季节。确定生姜播种期应考虑以下几个条件。

第一，10cm 地温稳定在 15℃以上时播种，初霜到来前收获。

第二，一般要求适宜于生姜生长的时间要达到 135 天以上，尤其是根茎旺盛生长期，要有一定天数的最适温度，才可获得较高的产量。根据上述要求，在我国大部分有霜冻地区应适时播种，播种过早，地温尚低，出苗慢，极易造成烂种或死苗；播种过晚，则生长期缩短，产量降低。

我国地域辽阔，各产姜区气候条件差异很大，因而播种适期也各不相同。如广东、广西等地冬季无霜，全年气候温暖，1～4 月均可播种；长江流域各省露地栽培一般于 4 月下旬～5 月上旬播种；而华北地区多在 5 月中旬播种；东北、西北等高寒地区无霜期短，露地条件不适于种植生姜。生姜适期播种是获得高产的前提。播期与产量密切相关，在适宜的播种季节内，播种越迟，产量越低。而采用保护地栽培生姜应适期早播，延期收获可显著提高生姜产量（表 4-1）。

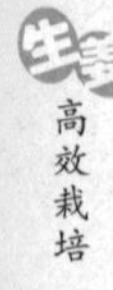

表 4-1　生姜生长期（栽培方式）与产量的关系

栽培方式	播种期（月.日）	收获期（月.日）	生长期/天	分枝数/个	叶面积指数（LAI）	产量/(kg/亩)	增产率（%）
露地栽培	04.23	10.21	181	13.8	7.5	3487	—
地膜覆盖栽培	04.05	10.21	199	15.6	8.2	4168	19.53
地膜覆盖后期延迟	04.05	11.05	214	15.7	8.4	4612	32.26

注：供试品种为莱芜大姜。

二 生姜轮作方式

生姜常年连作易导致姜腐烂病等土传病害多发，生产损失较大。因此，生姜生产提倡轮作换茬，前茬作物以葱、蒜和豆类为最好；其次是花生和胡萝卜。以下介绍几种常见的轮作方式。

（1）北方生姜产区常见轮作方式

1）姜→洋葱（大蒜）第一年→玉米→小麦第二年→姜第三年

2）姜→冬闲第一年→玉米→大蒜第二年→姜第三年

3）姜→菠菜第一年→玉米→大蒜第二年→姜第三年

4）姜→小麦第一年→玉米→冬闲第二年→马铃薯→姜第三年

5）姜→温室瓜类、茄果类等喜温蔬菜第一年→姜第二年

生姜与日光温室蔬菜作物轮作可以大大提高日光温室的种植效益和效率，但如果在种植瓜类、茄果类等蔬菜作物时发生过青枯病和枯萎病等病害时则不宜种植生姜。

（2）南方生姜产区常见轮作方式

1）姜→冬闲第一年→水稻→小麦第二年→水稻→冬闲第三年→姜第四年

2）姜→油菜、小麦第一年→水稻→紫云英第二年→姜第三年

3）姜→大蒜第一年→玉米→白菜或萝卜第二年→姜第三年

4）姜→小麦第一年→水稻→油菜第二年→水稻→大蒜第三年→姜第四年

上述各轮作模式兼顾了各茬作物的前后衔接和地力培肥，避免了土传病害的交互感染与传播，尤其姜与油菜等蔬菜以及禾本科作物轮作均可收到良好的栽培效果。

第二节 生姜间作、套作方式

间作、套作是指在同一土地上按照一定的行、株距和占地的宽窄比例种植不同种类的农作物，是运用群落的空间结构原理，以充分利用空间和资源为目的而发展起来的一种农业生产模式，也可称为立体农业。一般把几种作物同时期播种的叫间作，不同时期播种的叫套作。

生姜苗期耐阴，在遮阴条件下生长良好，因此适宜与其他作物间、套作。主要有粮、姜套作，棉、姜套作，菜、姜套作，果树与生姜间作，粮、菜、姜间，套作六种形式。生姜间、套作生产既提高了土地利用率，充分利用了光能，又为生姜旺盛生长提供了有利条件，可以大大提高经济效益。目前，主要有以下几种立体种植形式。

1. 麦田套作生姜

麦姜套作是山东很多地区广泛采用的一种栽培方式。具体做法是：9 月底 ~10 月初播种小麦。小麦畦宽 1.5m，每畦播 3 垄，垄距 50cm。第二年 5 月上旬，在小麦行间套作生姜。6 月上、中旬小麦成熟时，只收获麦穗，留麦秸作“影草”为生姜遮阴。10 月中、下旬，初霜到来之前收获生姜。

小麦宜选用秆较粗硬、较抗倒伏的品种，以防雨季到来时茎秆倒伏腐烂，影响遮阴效果。套作姜与单作姜的播种方法不同。为操作方便，多用干播法播种，即于姜播种前，先在小麦垄间开沟，并施足基肥，基肥与土壤混匀后开沟，在沟内按一定株距排放种姜，方法与单作相同。姜上覆土 4 ~5cm，沟内浇透水。6 月上旬收获麦穗，留 60 ~70cm 高的麦秸为生姜遮阴。通常夏季雨水较多，至 8 月大部分麦秸已腐烂。此时可结合追肥、浇水和培土等田间管理将已腐烂的麦秸埋入土中作为有机肥料。为加固麦秸，可在小麦垄内每隔 2 ~3m 竖一木桩，在距地面 40 ~50cm 处，用高粱秸将麦秸拦腰

固定。

姜播种后20~25天即可出苗。从生姜播种到小麦收获，二者共生期为30~35天；从姜出苗至小麦收获，二者共生期为15天左右。麦姜套作虽然因开姜沟会对小麦根系造成轻微损伤，但由于姜沟内施入了大量肥料而且灌水充足，可为小麦开花至成熟期补充充足水肥。麦姜共生期内姜苗高10cm左右，仅具3~4片叶，植株较小，从土壤中吸收水分和养分很少，因而在水肥供应上二者无明显矛盾。同时，麦秸为姜遮阴不仅能为姜苗生长创造良好的条件，而且节省了人力和物力。这种套作方式充分利用了生长季节和地力，提高了土地和光能利用率，也充分发挥了两种作物的互利关系，有助于提高种植效益，是一种很好的立体套作形式。

2. 蒜田套作生姜

此模式为9月下旬播种大蒜，第二年5月上旬在大蒜行间套作生姜。大蒜收获后，需对生姜进行遮阴。10月中、下旬收获生姜。

具体方法：大蒜于9月下旬~10月上旬播种。在第二年春季套作生姜之前先清除大蒜田里的杂草，然后在大蒜行间及畦埂处开姜沟。施足基肥，使土肥充分混匀，于5月上旬用“干播法”播种生姜。5月中、下旬开始采收蒜薹。收获蒜薹时，部分姜已开始出苗，因此在田间操作时应特别小心，以免损伤姜芽。6月上、中旬收获蒜头。大蒜收获后，随即对生姜进行遮阴处理。从姜播种至大蒜收获，二者共生期为30~35天。从生姜出苗至大蒜收获，二者共生期为10~15天。在两种作物共生期间，大蒜可为姜苗遮阴；套作时大蒜正处于旺盛生长期，肥水需求旺盛，而套作生姜时施入的肥水为大蒜后期生长提供了良好的肥水条件，有助于姜蒜双丰。

3. 生姜与洋葱套作

此模式为9月上中旬播种洋葱，10月下旬~11月初按45~50cm的垄距起垄移栽，垄高10~15cm，垄顶宽20~25cm，每垄栽2行，行距15cm。第二年5月上旬，在洋葱沟内施足基肥，“干播法”种植生姜（图4-1）。

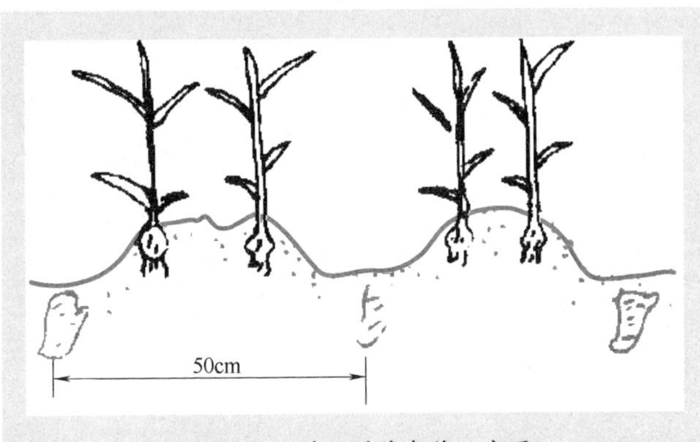

图 4-1　生姜与洋葱套作示意图

洋葱与生姜套作也可采用平畦栽培，其方法与蒜姜套作相同。收获洋葱时，生姜已经出苗，应注意保护姜苗。洋葱收获前以葱株为生姜遮阴，收获后则在姜沟南侧（东西向）或西侧（南北向）插草遮阴。

从生姜播种至洋葱收获，二者共生期为 30 天左右，生姜出苗后共生期为 10 天左右。在两种作物共生期内，洋葱可以为生姜遮阴，降低地温，减弱光照，提高土壤含水量，改善生姜周围环境，有利于促进生姜出苗，并为苗期旺盛生长创造有利条件。而生姜播种时施入的基肥和浇灌的底水也为洋葱后期鳞茎的膨大补充了水肥。因此，此模式下二者均可获得较高产量。

4. 韭菜与生姜间作

阳畦种植韭菜畦间距离大，与生姜间作可提高土地利用率，提高经济效益。方法如下：4 月上中旬做宽 1.2 ~ 1.5m 的韭菜畦，进行韭菜直播或育苗，每畦播种 4 ~ 5 行，行距 30cm，畦间距 1.8m。5 月上旬在韭菜畦间开沟并按常规施足底肥播种生姜，每畦间播 3 行，行距 50cm，株距 20cm，其余管理与单作相同。10 月下旬，生姜收获以后，在韭菜畦北侧垒 50 ~ 60m，南侧垒 10cm 高的土墙建成阳畦；11 月上旬覆盖塑料薄膜，到寒冷季节夜间加盖草苫，韭菜于 12 月 ~ 第二年 5 月收获。3 月下旬天气转暖后，拆除南畦北墙，5 月上旬再在畦间间作生姜（图 4-2）。

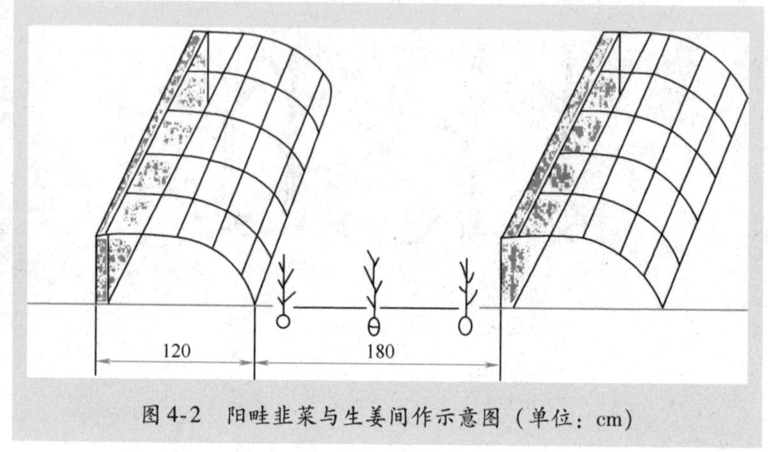

图4-2　阳畦韭菜与生姜间作示意图（单位：cm）

从生姜播种至收获，虽与韭菜共生期较长，但由于韭菜在生姜生长期间不收割或收割次数很少，从土壤中吸收水肥较少，而在生姜整个生育过程中施肥浇水量充足，为韭菜冬季生长打好了基础。因此，韭菜与生姜间作也是一种很好的种植模式。

5. 果树与生姜间作

幼龄果树及进入结果初期前果树的树干较矮，树冠较小，株行间空隙地较多，通风透光条件较好。为充分利用土地，增加经济收益，可考虑在幼龄果园（包括山楂、苹果和桃树等）中间作生姜。果树与生姜间作的主要方式是带状间作，即首先留出树盘，给果树生长发育以足够的营养面积，一般与树冠大小基本一致即可。冬季在果树行间深翻土地，第二年春天将土地整细整平，于生姜播种前按行距50cm开沟，施入足量的基肥，浇足底水，将种姜排放沟内，株距14～16cm，然后覆土3～5cm，其他管理与一般生姜生产相同。由于生姜种植在果树树盘以外，且果树根系较深，所以在整地和开沟播种生姜时一般不会损伤果树根系。间作生姜以后，由于生姜的覆盖作用，可以防止夏季土温过高和地面干旱对果树根系的不良影响。另外，果树为深根性作物，主要利用的是土壤下层养分，而生姜为浅根性作物，主要利用的是耕层30cm以内的土壤养分。因此，二者在养分利用上无明显矛盾。同时，种植生姜时施入大量肥水，

在满足生姜生长需要的同时大大提高了果园土壤肥力，有助于促进果树生长。

6. 大棚蔬菜与生姜间作、套作

大棚蔬菜与生姜间、套作模式主要利用了生姜耐阴，苗期生长量小，而高秆或藤蔓蔬菜可为其生长提供遮阴环境有利条件，二者间、套作还可充分利用大棚上下部立体空间，并可实现生姜提前播种、上市，有助于提高大棚单位土地面积的产出效益。

（1）大棚西瓜套作生姜 西瓜栽培密度小，收获期早，叶面积系数较低，对生姜生长影响较小。因此，二者套作是目前姜区普遍采用的一种栽培方式。西瓜多选用中早熟品种，于12月下旬在温室内利用温床嫁接育苗，幼苗3～4叶龄定植。定植前先挖宽60cm、深30～40cm的丰产沟，沟的间距以4m左右为宜，沟内填足腐熟的有机肥，并与土混匀，结合整地每亩施优质圈肥10000kg、豆饼100kg、复合肥50kg。然后做成龟背畦或起高垄，也可做成大小畦。定植时间根据设施情况而定，若大棚仅有一层棚膜覆盖，一般在3月中下旬定植。若大棚内再加盖小棚，小拱棚上盖草苫，棚内再盖地膜，进行多层覆盖的，可于2月下旬定植，定植前在沟内按株行距50cm×50cm栽植两行西瓜。

西瓜定植后，注意加强温、湿度和土肥水管理。缓苗期白天温度控制在28～32℃，夜间不低于18℃。缓苗后白天25～28℃，夜间应不低于15℃。开花结果期白天30～32℃，夜间16～18℃。定植后浇缓苗水，保持土壤见干见湿，至伸蔓期随水追催蔓肥尿素15kg/亩。现蕾前适当控制水分，待坐果后追施膨瓜肥，每亩施氮肥40～50kg，随后应保持土壤水分充足，定个后可适当控制浇水。

大棚西瓜可采用三蔓整枝，即保留主茎的同时，从其基部选留两条健壮侧蔓，待主蔓果实定个后，侧蔓再留一瓜，每株结两个瓜。留瓜时可选留第二或第三雌花，以利于提高单瓜重量。为促进坐果，应在开花的当天上午9：00前进行人工授粉。

生姜栽培技术与纯大棚生姜栽培基本相同，可以在播种时将催好芽的生姜在西瓜小行中间播种一行，然后在西瓜的大行内按60～

65cm的行距开沟或挖穴播种生姜，之后覆盖黑色地膜。栽培管理上，在西瓜第一果定个前以西瓜管理为重点，第一果收获后则以生姜管理为中心。

（2）大棚马铃薯套作生姜 马铃薯可选用鲁引1号、早大白等早熟品种，大棚内覆盖地膜可于2月上旬播种。播种时按65cm行距开8~10cm深的浅沟，沟内浇水，将带芽的薯块按22cm左右的株距放入沟内，随后覆土。播种完后，喷施48%的氟乐灵（每亩100~150mL）或48%仲丁灵（每亩200mL）。马铃薯出苗后30~40天在薯行间沟内湿播生姜。

马铃薯发棵期、开花期结合浇水冲施复合肥20kg/亩，现蕾开花后结合浇水追施催薯肥。5月上旬前后，可根据市场及马铃薯生长情况及时收获。

生姜可于3月中旬播种于马铃薯行间，若有地膜可用刀划开后，向两侧翻开。种植沟内每亩施豆饼100kg和复合肥50kg。肥土混匀后，按20cm左右的株距播种生姜，覆土后浇水，重新盖好地膜。管理上马铃薯收获前以马铃薯管理为重点，收获后生姜的管理与大棚生姜单作相同。

（3）大棚黄瓜套作生姜 大棚黄瓜套作生姜与西瓜类似，均可取得良好的经济效益。具体套作方法：2月中旬黄瓜育苗，3月中下旬（棚内最低温度达到8℃以上时）定植。黄瓜定植的同时催姜芽，4月10~15日播种。黄瓜按大小行距100cm和50cm起垄栽培，垄高20cm，株距25cm。黄瓜行间套作生姜，行距50cm，株距20cm（图4-3）。黄瓜定植前每亩施有机圈肥5000kg、复合肥50~75kg。缓苗后在其行间开沟，每亩沟内撒施饼肥50~75kg、复合肥30~50kg，与土壤混匀后在沟内播种生姜。

姜苗出齐后，黄瓜已经伸蔓，可为姜苗遮阴。7月上旬黄瓜拉秧后结合施肥培土每亩追施饼肥75~100kg、复合肥50kg。为防止温度过高，可将大棚前部棚膜揭开通风，保留顶部棚膜遮雨，霜降前再将棚膜盖上，11月上中旬收获生姜。此模式下生姜播种期比露地栽培可提前20~25天，收获期延迟20~25天，全生育期延长40~50天，产量大幅提高。

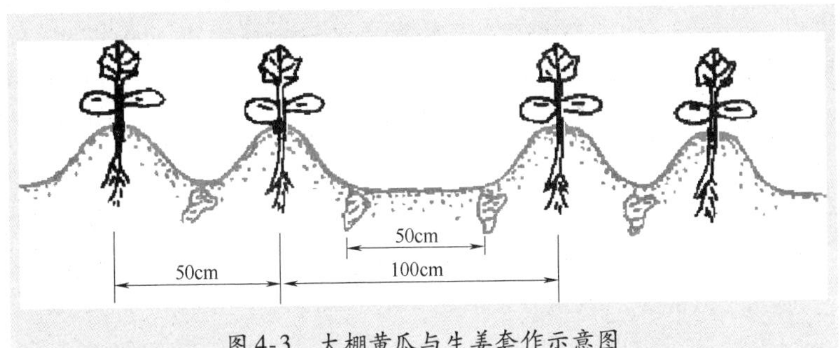

图 4-3　大棚黄瓜与生姜套作示意图

（4）大棚茄子套作生姜　茄子茎木质化程度高，无须支架，且分枝较有规律，适于与生姜套作。套作方法：1 月下旬在日光温室内茄子播种育苗，3 月中下旬定植于拱圆形大棚。按 50cm 的行距开沟起垄，按常规施肥、浇水，将茄子定植于垄上，株距 35 ~ 40cm。4 月上中旬在沟内施优质圈肥 5000kg/亩、饼肥 75kg/亩及复合肥 30kg/亩，然后用干播法播种姜，株距 20cm（图 4-4）。姜苗出齐后撤去棚膜，茄株兼作姜的遮阴材料。由于茄子的分枝能力较强，易造成遮阴过重，故应选择早熟品种并采取整枝措施，只留一、二、三次侧枝，其余全部打掉。每株收获 7 个茄子即拉秧，随后为生姜施肥培土。10 月中旬扣上棚膜，白天保持棚内温度 25 ~ 30℃，夜间 13 ~ 18℃。11 月上旬棚内最低温度降到 13℃以下时收获。

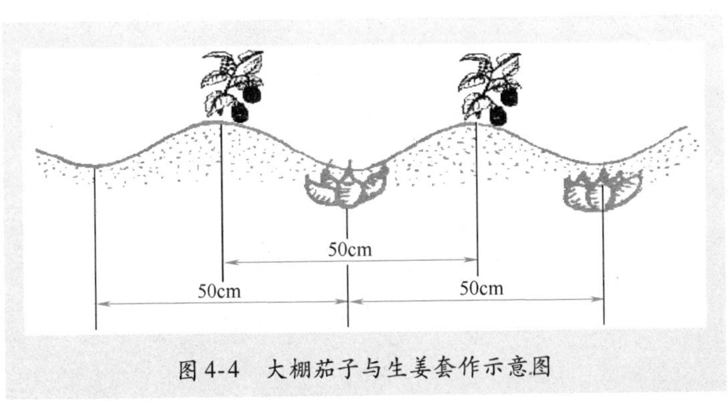

图 4-4　大棚茄子与生姜套作示意图

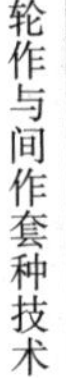

生姜与茄子套作，二者共生期为30～40天，由于姜苗期生长速度慢，生长量小，且根系较浅，而茄子属深根性作物，因此二者在肥水利用方面矛盾不大，是一种较好的套作模式，可供北方地区参考应用。

第五章
无公害出口生姜高效栽培技术

生姜是我国出口增收的重要蔬菜。我国的生姜产品主要销往日本和欧美国家，部分产品销往我国的港、澳地区。我国的生姜产品质量与国际市场标准相差不大，但具有明显的价格竞争优势，市场前景广阔。以下介绍出口保鲜生姜的规范化栽培标准和技术。

第一节 无公害出口生姜生产要求和标准

1. 出口生姜的质量要求与分级标准

出口生姜要求外观新鲜、饱满，具有正常的浅金黄色光泽，无变色，形体完整，连枝姜块分开后单枝姜块质量不低于50g，无病虫害，无机械损伤，无冻害，无水渍闷伤，无烂坏，基本无泥沙（表面允许沾泥沙0.5%以下）。农药残留、硝酸盐及亚硝酸盐、微生物含量符合进口国要求。保鲜出口生姜按姜块大小一般分为4个级别：M级，150～200g；L级，200～250g；LL级，250～300g；LLL级，300～350g，以LLL级质量最佳。

2. 出口生姜标准化生产基地环境要求

出口生姜标准化生产基地环境质量应符合GB/T 18407.1—2001的规定。

3. 出口生姜的检疫标准

各国对生姜的农药残留限量略有不同，以下为日本针对生姜的农药限量标准（表5-1）。

表 5-1　染病农产品农药残留限量标准

农药名称	最高残留限量/(mg/kg)	农药名称	最高残留限量/(mg/kg)
二氯异丙醚	1	三氟氯氰菊酯	2
茵草敌	0.04	氟氯氰菊酯	2
2，4，5-涕	不得检出	环丙唑醇	0.2
乙酰甲胺磷	0.1	三环锡（普特丹东）	不得检出
氧化偶氮基	5	氯氰菊酯	5
杀草强	不得检出	灭蜱胺（赛灭净）	2
异菌脲（扑海因）	5	稀禾啶	10
双胍辛	0.1	二嗪磷	0.1
醚菊酯（多来宝）	2	比久	不得检出
乙嘧硫磷	0.1	禾草丹	0.2
敌菌丹	不得检出	甲基乙拌磷	0.1
精喹禾灵	0.05	氟苯脲	1
草甘膦	0.2	溴氰菊酯	0.1
草铵膦	0.2	四溴菊酯	0.5
毒死蜱	0.01	水杨菌胺	0.2
氟啶脲	2	敌百虫	0.5
百菌清	5	氟菌唑	1
氰草津	0.05	氟乐灵	0.1
乙霉威	5	甲基立枯磷（立克菌）	2
抑菌灵	5	氟虫脲	10
敌敌畏	0.1	腐霉利	5
甲基对硫磷	1	丙环唑	0.05
生物苄呋菊酯	0.1	已唑醇	0.1
联苯菊酯	0.5	氰菊酯	3
哒螨灵	1	戊菌唑	2
抗蚜威	0.5	灭草松	0.05

（续）

农药名称	最高残留限量/(mg/kg)	农药名称	最高残留限量/(mg/kg)
甲基嘧啶磷	1	三乙膦酸铝	100
除虫菊素	1	马拉硫磷	8
氯苯嘧啶醇	0.5	抑蚜丹	25
杀螟硫磷	0.2	腈菌唑	1
仲丁威	0.5	甲硫威	0.05
氰戊菊酯	0.5	甲基苯塞隆	0.05
抑草磷	0.05	嗪草酮	0.5
吡负	0.1	虱螨脲	3
氟酰胺	2	环草啶	0.3
氟胺氰菊酯	0.5	噻草酮	0.2

4. 检疫

保鲜生姜的检疫主要应重视姜螟、夜蛾类幼虫、病毒病等。

第二节　出口生姜标准化生产技术

1. 品种选择

出口生姜品种选择较为严格，一般由外商指定。要求品种肉质细嫩、外形美观、辛香味浓、品质佳、耐储运，如莱芜大姜、莱芜片姜、台湾胖姜等。

2. 出口生姜的茬口安排

我国出口生姜以露地生产为主，但市场需求为周年供应，因此应结合当地生产条件，在露地生姜生产的基础上辅助设施栽培，实现生姜的周年供应，对于提高生姜的产出效益具有积极意义。出口生姜茬口安排见表5-2。

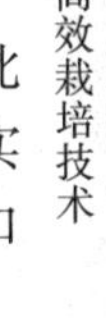

表 5-2　出口生姜茬口安排

茬口	种姜处理	播种时间	收获时间	设施
露地栽培	4 月上中旬	4 月下旬 ~5 月上旬	10 月中下旬 ~11 月初	—
设施栽培	3 月下旬 ~4 月上旬	4 月上中旬	10 月中下旬 ~11 月初	小拱棚
	3 月中下旬	3 月底 ~4 月初	11 月上中旬	大拱棚

3. 姜种处理与田间管理

参考生姜的露地栽培技术和保护地栽培技术章节。

4. 病虫害防治

出口生姜对产品农药残留要求严格，要求标准高于无公害生姜生产。因此在生姜的病虫害防治上应认真研究相关国家或进口国的农药限量标准，坚持预防为主、综合防治的基本原则。要采用合理轮作、增施有机肥、平衡施肥、及时排除积水等农艺措施减少病虫害发生。发生病虫害时，应综合选用物理防治、生物防治以及化学防治方法，尽量减少农药用量，确保生姜产品安全。

出口生姜化学防控病虫害应注意的问题如下。

1）基本原则：优先选择生物农药、生化制剂或天然植物源杀菌、杀虫剂，合理使用高效、低毒、低残留杀菌、杀虫剂，严禁使用禁用农药。

2）生姜生产上推荐使用的不同农药类型及代表药剂见表 5-3。

表 5-3　出口生姜推荐用农药类型

农 药 类 型	代表性药剂
生物农药	苏云金杆菌制剂、拮抗菌制剂、鱼藤制剂等
生化制剂	阿维菌素、多抗霉素、农用链霉素、农抗 120 等
植物源杀虫剂	苦参碱、苦皮藤素、闹羊花毒素、印楝素等
植物源杀菌剂	苦楝素、绿帝、银泰等
昆虫生长调节剂类	灭幼脲、除虫脲、抑太保、灭蝇胺、氟铃脲、氟啶脲等

（续）

农药类型	代表性药剂
高效低毒低残留杀菌剂	甲基抑菌灵、霜霉威、三唑酮、多菌灵、百菌清、噁霜·锰锌等
高效低毒低残留杀虫剂	辛硫磷、敌百虫等
禁用农药	甲胺磷、呋喃丹、氧化乐果、3911、1605、甲基1605、灭螟威、久效磷、磷铵、异丙磷、三硫磷、磷化铝、氰化物、氟乙酰胺、吡酸、西力生、赛力散、溃疡净、五氯酚钠、敌枯霜、二溴氯丙烷、普特丹、倍福朗、18%蝇毒磷乳粉、六六六、滴滴涕、二溴乙烷、杀虫脒、艾氏剂和狄氏剂、汞制剂、毒鼠强、三环锡等

3）生产上推荐使用、避免使用和限制使用农药分类见表5-4。

表5-4　出口生姜施用农药分类

农药名称	残留限量标准/（mg/kg）				防治对象	风险分析
	日本	欧盟	马来西亚	中国		
硫酸链霉素	一律	一律			种子消毒、软腐病	限制
甲醛					种子消毒	限制
高锰酸钾					种子消毒	推荐
甲霜灵（瑞毒霉）	0.2	0.2	0.5		种子消毒	推荐
多菌灵	3	0.1	1.0		苗床土壤消毒、紫斑病、灰霉病	推荐
毒死蜱（乐斯本）	0.2	0.05			苗床土壤消毒	推荐
百菌清	5	10			苗床土壤消毒、紫斑病、霜霉病、疫病、黑斑病	推荐
敌磺钠	一律	一律			苗床土壤消毒	回避
生石灰	豁免	豁免			苗床土壤消毒	推荐

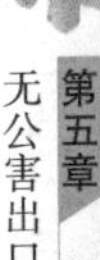

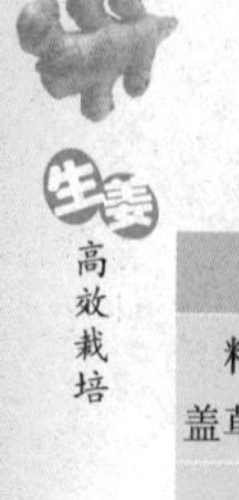

（续）

农药名称	残留限量标准/(mg/kg)				防治对象	风险分析
精吡禾草灵（高效盖草能）	一律	0.2	0.05		苗床除草	回避
甲基硫菌灵	3	0.1	0.1		紫斑病、灰霉病、菌核病、炭疽病	推荐
代森锰锌（大生）	10	1			紫斑病、锈病、黑斑病、炭疽病	推荐
农抗120	一律	一律			紫斑病、霜霉病、疫病	回避
腐霉利（速克灵）	5	0.02			灰霉病	推荐
农利得（异菌脲与福美双复配）	5	0.1			灰霉病	推荐
异菌脲（扑海因）	5	3	0.1		紫斑病、黑斑病、菌核病	推荐
噁霜灵·锰锌（杀毒矾）	5	0.01			紫斑病、霜霉病、疫病、灰霉病	推荐
菌核净	一律	一律			菌核病	回避
苯醚甲环唑（世高）	一律	0.1	1.0		锈病、黑斑病、紫斑病	回避
氟硅唑（福星）	一律	0.02			锈病	回避
三唑酮	0.1	1.0			锈病	推荐
萎锈灵	一律	0.1			锈病	回避
丙环唑（敌力脱）	0.05	0.05			锈病	限制
炭疽福美（福美双+福美锌）	10	0.1			炭疽病	推荐
霜霉威盐酸盐	3	0.1			霜霉病、疫病	推荐
安克（烯酰吗啉+代森锰锌）	2	0.3			霜霉病、疫病	推荐
氢氧化铜（可杀得）	10	5			软腐病	推荐

(续)

农药名称	残留限量标准/(mg/kg)				防治对象	风险分析
新植霉素（链霉素+土霉素）	一律	一律			软腐病	回避
络胺铜（二氯四氨络合铜）	一律	一律			软腐病	回避
氟吡菌胺（银发利）	一律	10			霜霉病、疫病	回避
乙膦铝	100	30			霜霉病、疫病	推荐
代森锌	10	1			霜霉病、疫病	推荐
甲霜灵·锰锌	0.2	0.2			霜霉病、疫病	推荐
戊唑醇（好力克）	0.5	0.5			紫斑病、黑斑病	推荐
波尔多液	10	5			黑斑病	推荐
多杀霉素（菜喜）	5	0.2			姜蓟马	推荐
噻虫腈（阿克泰）	2	0.05			姜蓟马	推荐
氰戊菊酯	0.5	0.02			潜叶蝇	推荐
高效氯氰菊酯	2	0.2			潜叶蝇	推荐
灭杀毙（增效马·氰乳油）	0.5	0.02			姜蓟马、潜叶蝇	推荐
辛硫磷	0.02	0.01		0.05	姜蓟马、潜叶蝇、蝇蛆	回避
吡虫啉	0.7	0.2			姜蓟马、潜叶蝇	推荐
啶虫脒	4.5	0.01			姜蓟马、潜叶蝇	推荐（欧盟回避）
溴氰菊酯	0.5	0.01			姜蓟马、潜叶蝇	推荐
虫螨腈（除尽）	3	0.05			甜菜夜蛾、斜纹夜蛾	推荐
三令（甲氨基阿维菌素苯甲酸盐）	0.5	0.01			甜菜夜蛾、斜纹夜蛾	推荐（欧盟回避）
安打（茚虫威）	2	0.02			甜菜夜蛾、斜纹夜蛾	推荐（欧盟回避）
抑虫肼	一律	0.05			甜菜夜蛾、斜纹夜蛾	回避

（续）

农药名称	残留限量标准/(mg/kg)				防治对象	风险分析
异丙威	一律	一律			蓟马	回避
奥绿一号（苜蓿银纹夜蛾核型多角体病毒）	一律	一律			甜菜夜蛾、斜纹夜蛾	回避
甲氧虫酰肼（雷通）	3	0.02			甜菜夜蛾、斜纹夜蛾	推荐（欧盟回避）

4）防治生姜主要病虫害且限量指标相对宽泛的农药种类和施用方法见表5-5。

表5-5 出口生姜常用农药的施用方法表

农药名称	剂型	常用药量（稀释倍数）	施用方法	安全间隔期/天	最多使用次数	防治对象
百菌清	75%可湿性粉剂	500～600倍液	喷雾	7	3	紫斑病
代森锰锌（大生）	70%可湿性粉剂	500倍液	喷雾	7	3	
噁霜灵·锰锌（杀毒矾）	64%可湿性粉剂	500倍液	喷雾	3	3	
异菌脲（扑海因）	50%可湿性粉剂	500倍液	喷雾	10	1	
甲霜灵（瑞毒霉）	25%可湿性粉剂	500～600倍液	喷雾	1	3	霜霉病
乙膦铝	40%可湿性粉剂	500～600倍液	喷雾	7	3	
氢氧化铜（可杀得）	77%可湿性粉剂	500～800倍液	喷雾	3	3	
三唑酮	15%可湿性粉剂	800～1000倍液	喷雾	7	2	锈病

（续）

农药名称	剂　型	常用药量（稀释倍数）	施用方法	安全间隔期/天	最多使用次数	防治对象
甲基硫菌灵	70% 可湿性粉剂	800～1000 倍液	喷雾	5	2	
多菌灵	50% 可湿性粉剂	1000 倍液	喷雾	5	2	菌核病
腐霉利（速克灵）	50% 可湿性粉剂	1000 倍液	喷雾	1	3	
安打（茚虫威）	15%悬浮剂	2000～3000 倍液	喷雾	5	2	甜菜夜蛾、斜纹夜蛾
虫螨腈（除尽）	10%悬浮剂	1000 倍液	喷雾	14	2	
甲氧虫酰肼（雷通）	24%悬浮剂	2000～3000 倍液	喷雾	10	2	
吡虫啉	10%可湿性粉剂	1000～2000 倍液	喷雾	7	2	姜蓟马、潜叶蝇
多杀霉素（菜喜）	2.5%悬浮剂	1000 倍液	喷雾	1	1	
灭杀毙（增效马·氰乳油）	21%乳油	6000 倍液	喷雾	12	3	蝇蛆
毒死蜱	48%乳油	1500 倍液	喷雾	7	3	
溴氰菊酯	25%乳油	3000 倍液	喷雾	2	3	

5. 收获加工

（1）收获　露地栽培的生姜一般在 10 月中下旬、初霜到来之前收获。设施秋延迟栽培一般在 11 月下旬后收获。收获时如果土壤过硬，可在收姜前 3～4 天浇 1 次小水，使土壤湿润，便于收刨。若土质疏松，可抓住茎叶整株拔出，轻轻抖掉根茎上的泥土，然后自茎秆基部（保留 2～3cm 地上茎）掰去或用刀削去地上茎，随即将带

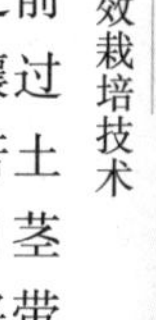

有少量潮湿泥土的根茎入窖储藏，无须晾晒。

（2）加工

1）原料收购。生姜由出口企业派出的技术人员到基地农户的窖井上收购。技术人员在确认姜窖可以进入时，下到窖中查看。首先看井窖是否有水淹现象，水淹过的生姜不能收购；其次查看井窖有无病虫害，一看是否有病症，二看出成率（选出的成品率）。收购的原料要新鲜，姜球胖、金黄色，无破伤皮、干皮、变色、茶色皮、泥土、虫蛀、发病、发霉等现象。

2）原料出库。生姜原料个头较大，有多个分枝，且分枝间有疏密不等的空隙，为使整块姜完整地运到车间，可用周转箱盛放。周转箱要求整洁、无味、无污染。拿放生姜要轻，逐块放入周转箱内。之后装车，装运时注意轻搬轻放，严禁扔、抛等。运输过程中要特别注意温度，最好用恒温车，保持温度在10℃以上。生姜运入厂后，应立即放入周转库中。周转库与成品库可以合二为一，但成品库卫生要求较高。生姜入库后码放整齐，一般垛高在6个箱子以下，温度要求13℃左右，空气相对湿度保持在90%左右。

3）清洗。采取机洗和加工人员重点检查清洗的办法，即先机洗，将泥沙等杂质基本洗净，再由加工人员对个别未洗净的姜块进行清洗。

4）分级包装。包装时包装人员身边放有4个带内衬的塑料成品箱，清洗人员将清洗干净的生姜送来后，包装人员首先要检查是否有病姜块，是否洗净。按照规格大小，分别装入标有级别符号的成品箱内。

5）成品入库。成品箱装满后轻搬轻放，成品入库后，一般码垛5～6个。注意此时4个级别的成品箱应分别码垛，垛间有明确的分界线，并用醒目标志标记。

6）集装箱装运。保鲜生姜对运输的要求是轻装轻卸、防热防冻，以集装箱装运为主。集装箱一般分为20吨和40吨两种型号，20吨集装箱可装运生姜11吨，40吨集装箱可装运生姜24吨。装箱温度设定为13℃，集装箱换气口要关闭。小心将车门封严，然后打上海关关封，记录集装箱发运时间和车号。

第六章
生姜保护地安全优质栽培技术

我国北方地区由于无霜期相对较短，在一定程度上限制了生姜的生长和产量的提高。因此，生姜采取保护地栽培，实行春早播、秋延迟收获的技术措施，可以延长生姜的生长期，生育期内有效积温增加，可大大提高生姜产量，并可避免生姜集中上市，对于平衡生姜市场供应，增加种植效益具有重要作用，近年来日益受到重视。

第一节　生姜保护地栽培的设施类型及茬口安排

一　生姜保护地栽培的设施类型

生姜属喜温蔬菜，适宜的设施类型有阳畦、小拱棚、大拱棚和日光温室等，生产上常用的有小拱棚和大拱棚，如图 6-1 所示。

图 6-1　生产上常用的竹片小拱棚（左图）和竹拱架结构大拱棚（右图）

二 生姜保护地栽培的茬口安排

生姜保护地栽培的茬口安排见表6-1。

表6-1 生姜保护地栽培的茬口安排

茬口	处理姜种	播种时间	收获时间	前茬或后茬	设施类型
早春茬	2月上旬	2月下旬~3月上旬	6月下旬~7月上旬收嫩姜	前茬为秋冬茬茄果类、瓜类蔬菜	大拱棚、日光温室
秋延迟	4月下旬~5月上旬	4月下旬~5月上旬	11月	后茬为冬春茬或早春茬茄果类、瓜类蔬菜	大拱棚
越冬茬	10月下旬~11月上旬	11月上中旬	第二年4~6月供应鲜姜	后茬为早春茬茄果类、瓜类蔬菜	日光温室

第二节 生姜栽培设施设计与建造

生姜保护地栽培的常用设施是小拱棚和塑料大棚。本章以昌乐和寿光常用棚室栽培设施为例，分别介绍不同棚室的设计与建造方法。

一 小拱棚的设计与建造

小拱棚的跨度一般为1~3m，高0.5~1m。其结构简单、造价低，一般多用轻型材料建成。骨架可由细竹竿、毛竹片、荆条、直径为6~8mm的钢筋等材料弯曲而成。

(1) 小拱棚的主要类型 包括小拱圆棚、拱圆棚加风障、半墙拱圆棚和单斜面棚四种，生产应用较多的是小拱圆棚（图6-2）。

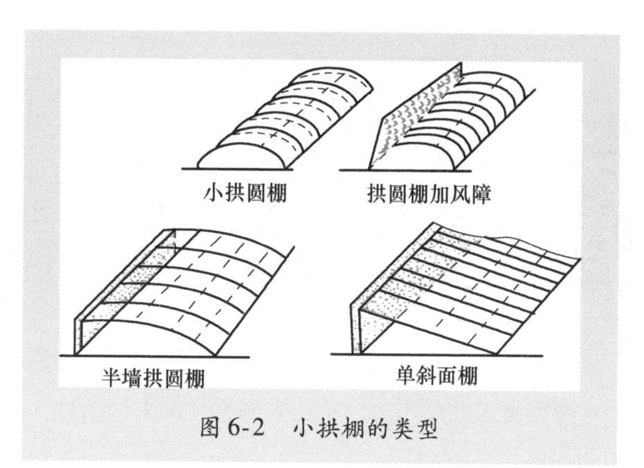

图 6-2　小拱棚的类型

（2）小拱棚的结构与建造　生姜栽培小拱棚棚架为半圆形，高度为 0.8 ~ 1m，宽 1.2 ~ 1.5m，长度因地而定。地面覆盖地膜，骨架用细竹竿按棚的宽度将两头插入地下形成圆拱，拱杆间距 30cm 左右。全部拱杆插完后，绑 3 ~ 4 道横拉杆，使骨架成为一个牢固的整体，如图 6-3 所示。覆盖薄膜后可在棚顶中央留一条放风口，采用扒缝放风。为了加强防寒保温，棚的北面可加设风障，棚面上于夜间再加盖草苫。

图 6-3　小拱棚

二　塑料大棚的设计与建造

1. 生姜生产用塑料大棚

生姜生产用塑料大棚主要包括竹木结构大棚和热镀锌钢管拱架大棚两种，如图 6-4 所示。

2. 塑料大棚的类型、结构及建造

（1）类型　塑料大棚按棚顶形状可以分为拱圆形和屋脊形两类，我国绝大多数为拱圆形；按骨架结构则可分为竹木结构、水泥预制竹木混合结构、钢架结构、钢竹混合结构等，前两种一般为

图 6-4　竹木结构大棚和热镀锌钢管拱架大棚

有立柱大棚；按连接方式又可分为单栋大棚和连栋大棚两种（图 6-5）。

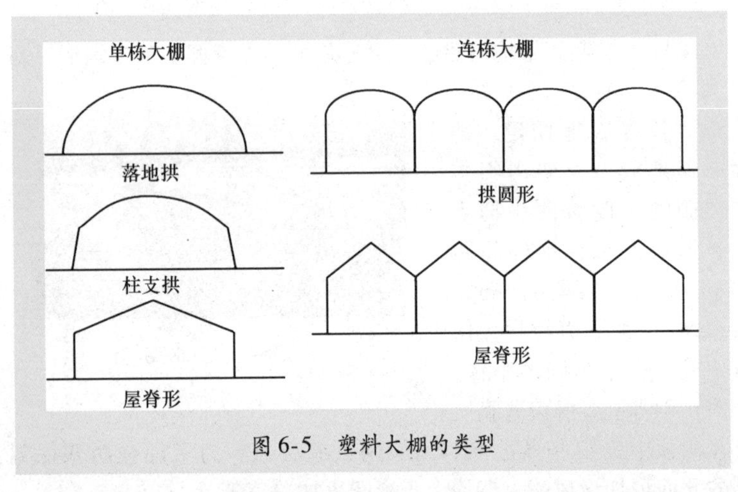

图 6-5　塑料大棚的类型

(2) 结构　大棚棚形结构的设计、选择和建造，应把握以下 3 个方面。

1）棚形结构合理，造价低；结构简单，易建造，便于栽培和管理。

2）跨度与高度要适当。大棚的跨度主要由建棚材料和高度决定，一般为 8～12m。大棚的高度（棚顶高）与跨度的比例应不小于 0. 25。竹木结构和钢架结构拱圆大棚结构图，如图 6-6、图 6-7 所示。

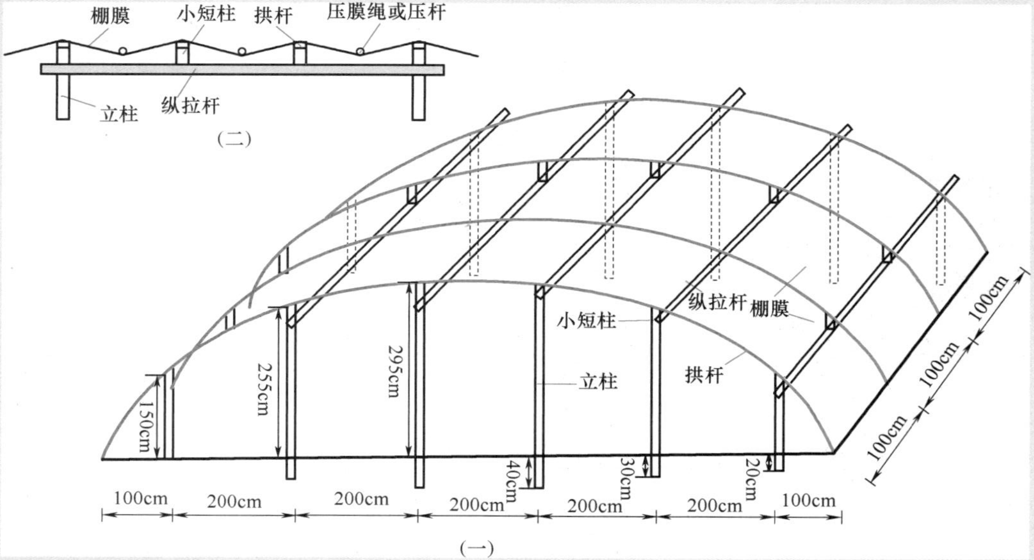

图 6-6　竹木结构拱圆形大棚

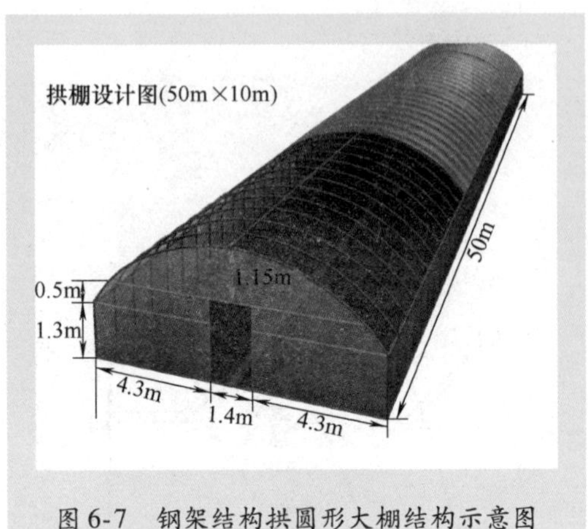

图 6-7　钢架结构拱圆形大棚结构示意图

【提示】　实际生产中塑料大棚的跨度和长度应根据当地生产习惯和管理经验具体确定，如昌乐和寿光的竹木结构塑料大棚跨度和长度分别可达16m和300m以上。双连栋大棚跨度可在20m以上。

3）设计适宜的跨拱比。性能较好棚型的跨拱比为8～10。跨拱比＝跨度/（顶高－肩高）。以跨度12m为例，适宜顶高为3m，那么肩高不低于1.5m，不高于1.8m。

（3）建造

1）竹木结构塑料大棚。竹木结构大棚主要由立柱、拱杆（拱架）、拉杆、压膜绳等部件组成，俗称“三杆一柱”。此外，还有棚膜和地锚等。

① 立柱。立柱起支撑拱杆和棚面的作用，呈纵横直线排列。纵向与拱杆间距一致，每隔0.8～1.0m设一根立柱，横向每隔2m左右设一根立柱。立柱粗度为5～8cm，高度一般为2.4～2.8m，中间最高，向两侧逐渐变矮成自然拱形（图6-8、图6-9）。

② 拱杆。拱杆是塑料大棚的骨架，决定大棚的形状和空间构成，并起支撑棚膜的作用。拱杆可用直径3～4cm的竹竿按照大棚跨度要求连接构成。拱杆两端插入地下或捆绑于两端立柱之上。拱杆其余部分横向固定于立柱顶端，呈拱形（图6-10）。

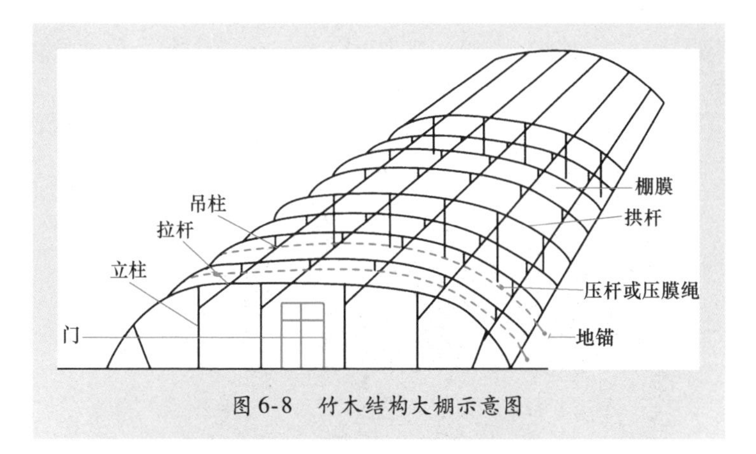

图 6-8　竹木结构大棚示意图

图 6-9　立柱安排及实例

图 6-10　拱杆实例图

③ 拉杆。拉杆起纵向连接拱杆和立柱，固定拱杆的作用，使大棚骨架成为一个整体。拉杆一般为直径3~4cm的竹竿，长度与棚体长度一致（图6-11）。

图6-11　拉杆实例图

④ 压杆。压杆位于棚膜上两根拱架中间，起压平、压实、绷紧棚膜的作用。压杆两端用铁丝与地锚相连，固定于大棚两侧土壤。压杆以细竹竿为材料，也可以用8号铁丝或尼龙绳代替，拉紧后两端固定于事先埋好的地锚上（图6-12）。

图6-12　压杆、压膜铁丝和地锚

⑤ 棚膜。棚膜可以选用0.1~0.12mm厚的聚氯乙烯（PVC）或聚乙烯（PE）薄膜及0.08mm醋酸乙烯（EVA）薄膜、聚烯烃膜（PO）等。当棚膜宽幅不足时，可用电熨斗加热粘连。若大棚宽度小于10m，可采用“三大块两条缝”的扣膜方法，即三块棚膜相互

搭接（重叠处宽大于20cm，棚膜边缘烙成筒状，内可穿绳），两处接缝位于棚两侧距地面约1m处，可作为放风口扒缝放风。如果大棚宽度大于10m，则需采用“四大块三条缝”的扣膜方法，除两侧风口外，顶部一般也需要设通风口（图6-13）。

图6-13　简易大棚两侧和顶部通风口

两端棚膜可直接在棚两端拱杆处垂直将薄膜埋于地下固定，中间部分用细竹竿固定。中间棚膜用压杆或压膜绳固定（图6-14）。

图6-14　两端及中间棚膜的固定

⑥ 门。大棚建造时可在两端中间两立柱之间安装两个简易推拉门。当外界气温低时，在门外另附两块薄膜相搭连，以防门缝隙进风（图6-15）。

图 6-15　两端开门及外附防风薄膜

【提示】 大棚扣塑料薄膜应选择无风晴天上午进行。先扣两侧下部膜，拉紧、理平，然后将顶膜压在下部膜上，重叠20cm以上，以便雨后顺水。

寿光、昌乐等地蔬菜生产中采用的上述简易竹木结构塑料大棚，具有造价便宜、易学易建、技术成熟、便于操作管理等优点，因而得到了广泛推广和应用。因此，农民朋友在选择大棚设施时不可盲目追求高档，而应就地采用价廉耐用材料，以降低成本，增加产出。

2）钢架结构塑料大棚。钢架结构塑料大棚的骨架是用钢筋或钢管焊接而成的。其拱架结构一般可分为单梁拱架、双梁平面拱架和三角形拱架三种，前两种在生产中较为常见。拱架一般以 Φ12～18mm 圆钢或金属管材为材料；双梁平面拱架由上弦、下弦及中间的腹杆连成桁架结构；三角形拱架则由三根钢筋和腹杆连成桁架结构（图 6-16、图 6-17）。

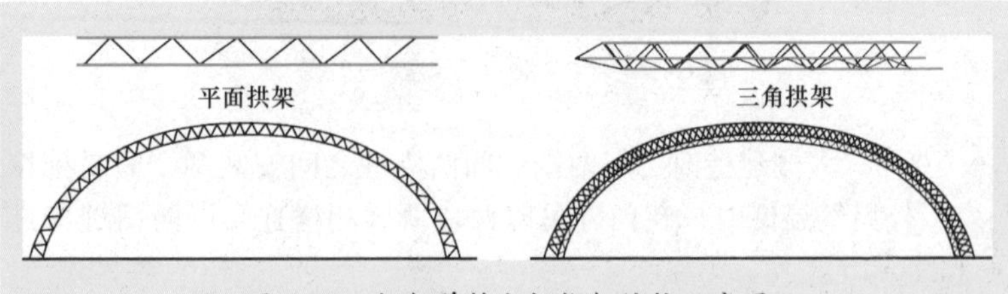

图 6-16　钢架单栋大棚桁架结构示意图

图 6-17　钢架大棚桁架结构

通常大棚跨度为10～12m，脊高2.5～3.0m。每隔1.0～1.2m埋设一拱形桁架，桁架上弦用Φ14～16mm钢管、下弦用Φ12～14mm钢筋、中间用Φ10mm或Φ8mm钢筋作腹杆连接。拱架纵向每隔2m以Φ12～14mm钢筋拉杆相连，拉杆焊接于平面桁架下弦，将拱架连为一体（图6-18）。

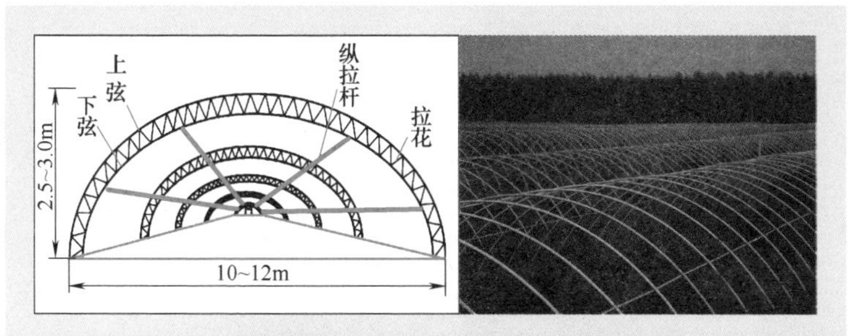

图 6-18　钢梁桁架无立柱大棚

钢架结构大棚用压膜卡槽和卡膜弹簧固定薄膜，两侧扒缝通风。具有中间无立柱、透光性好、空间大、坚固耐用等优点，但一次性投资较大。跨度10m、长50m的钢架结构塑料大棚材料及预算见表6-2。

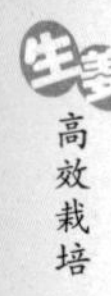

表 6-2　跨度 10m、长 50m 的钢架结构塑料大棚材料及预算

项　　目	材　　料	数量或规格	总价/元
拱架	32mm 热镀锌无缝钢管	1822. 3kg	10022. 6
横向拉杆	32mm 热镀锌无缝钢管	692kg	3806
水泥固定座	—	3. 69m^3	1107
薄膜	无滴膜	700m^2	2100
推拉门	—	2 个	500
压膜绳	—	4 股 320 丝塑料绳或直径 4mm、每千克长度约 74m 规格的塑料绳	540
卡槽	—	180m	500
卡子	—	200 个	100
合计	—	—	18975. 6

第三节　生姜保护地高效栽培技术

一　品种选择

生姜保护地栽培应选择植株高大、分枝少、茎秆粗壮、茎块肥大、单株生产能力强的疏苗型品种（图 6-19）。

图 6-19　莱芜大姜

二 生姜保护地栽培管理技术

生姜保护地栽培和露地栽培的步骤基本相同，但保护地栽培的环境调控以及土肥水管理技术与露地栽培存在差异，现简要介绍其栽培要点。

1. 提早播种

华北地区保护地生姜播种适期：地膜覆盖栽培加扣小拱棚双膜覆盖可在4月上中旬播种；塑料大棚覆盖栽培在3月中下旬播种；大拱棚内覆盖地膜加扣小拱棚三膜覆盖栽培在3月上旬播种；日光温室栽培可于2月下旬播种。

2. 种姜处理与催芽

（1）精选种姜 严格选种，淘汰瘦弱干瘪、肉质变褐或发软的姜块，选取肥大、色泽鲜亮、不干缩、不腐烂、未受冻、质地硬、无病虫危害的健壮姜块作种姜。

（2）催芽 播种前25天左右采用远红外电热膜催芽，保持22～25℃温度条件，催芽20～25天即可达到播种要求，且幼芽饱满粗壮（图6-20）。

图6-20 远红外电热膜催芽

（3）掰种姜 掰姜时每块种姜选留一个短壮芽，少数可根据幼芽情况留两个主芽，将其余弱芽去除。掰姜时按照姜块大小和幼芽强弱进行分级（图6-21）。

图6-21 掰姜种和分级

（4）重施基肥 生姜保护地栽培生长期长，产量高，对肥料的需求量大，生产上应加大肥料用量，重施有机肥。小拱棚可结合整地普施优质农家腐熟肥6000～8000kg/亩，播种时沟施生姜配方专用肥20～30kg/亩。塑料大棚一般冬前每亩施充分腐熟的鸡粪3～4m^3，播种时沟施有机肥200kg、复合肥50kg（图6-22）。

图6-22 播种前施肥

【提示】 为防地下害虫，可于整地前用辛硫磷4kg拌土15kg，播种沟内撒施灭虫。

（5）宽垄稀播 保护地栽培生姜的密度应小于露地栽培，以行距60～70cm，株距20～25cm，沟深30cm，每亩栽植5000株左右为宜。播种前1h应浇足底水，平播法播种，播后覆土4～5cm，然后耙平土面（图6-23）。

图6-23 平播法播种与覆土

（6）除草、扣棚 播种前5～7天扣棚提升地温（图6-24）。播

种覆土后，每亩用33%二甲戊灵乳油150～180mL，兑水30L，砂土地用量酌减，均匀喷在姜沟及周围地面上进行化学防草，喷药时喷药人员应倒退操作。

图6-24　地膜覆盖加扣小拱棚栽培

【提示】地膜覆盖栽培应及时破膜引苗，具体方法是：幼苗在膜下长至1～2cm时，在其上方破膜放苗出膜，并用细土将苗孔封严，以利保墒保温。

（7）温度、光照、湿度和气体调控　棚室生姜播后出苗前宜保持室温25～30℃，此期可不必进行通风。出苗后白天温度保持22～28℃，勿高于30℃，夜间温度保持15～18℃，勿低于13℃。6月以后，外界气温很高，要昼夜全面通风。10月上中旬温度逐渐下降，棚内气温仍可达到30℃，夜间15～18℃，此期可再次覆盖棚膜以延迟收获。至11月上中旬棚内最高温度在20℃左右，夜温降至3～8℃时，可收获生姜。

生姜为耐阴性植物，不耐强光和高温。6月以后棚室生姜苗期正处在初夏季节，阳光强烈，天气炎热，应及时撤除农膜并进行遮阴（图6-25）。不同保护地栽培常用遮阴方法如图6-26所示。

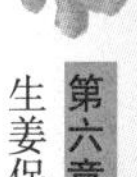

图 6-25　夏季高温季节及时撤除农膜

黑膜遮阴　　棚膜抹泥水遮阴

搭遮阳网遮阴

图 6-26　不同保护地栽培常用遮阴方法

【提示】 棚室生姜要注意防治姜瘟病，该病一般从 7 月开始发作，高温多雨时发病重。可采用农业综合防治措施，及时拔除病株及其四周 0.5m 内的健康植株，并消毒。

当大棚密闭不通风时，棚内空气相对湿度可达 80% 以上，夜间外界气温低，棚内相对湿度甚至达到 100% 而呈饱和状态。由于生姜喜湿润，因而大棚内高湿环境有利于生姜生长，但要注意适度通风，并加强对病害的预防工作。

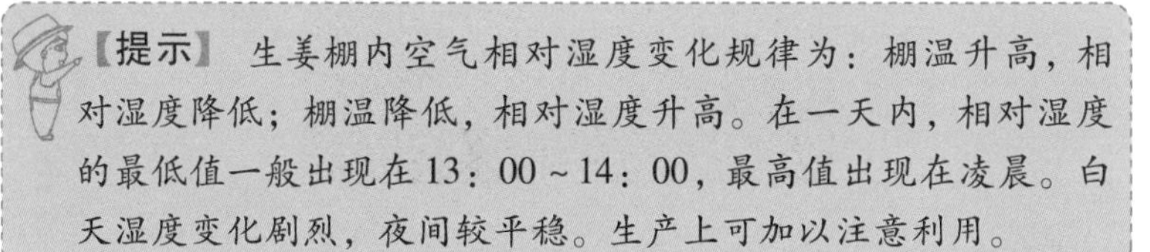

【提示】 生姜棚内空气相对湿度变化规律为：棚温升高，相对湿度降低；棚温降低，相对湿度升高。在一天内，相对湿度的最低值一般出现在 13：00 ~ 14：00，最高值出现在凌晨。白天湿度变化剧烈，夜间较平稳。生产上可加以注意利用。

生姜大棚内的气体也应根据实际情况进行适度调节，才能使生姜高产优质。调控大棚二氧化碳含量可从以下几方面着手：利用通风换气提高二氧化碳含量；增施有机肥提高棚内二氧化碳含量；利用化学反应产生二氧化碳等。防止有害气体的毒害，应选农用无毒塑料薄膜。在施用有机肥时，一定要发酵、腐熟，勿施生肥料。施用化肥应适量。土壤消毒后应把有毒气体排放干净。

（8）水肥管理 保护地生姜出苗前为防止地温降低，一般不宜浇水。出苗后浇 1 次透水，之后始终保持地面湿润，缺水时叶片发生卷曲，如图 6-27、图 6-28 所示。待 7 月中旬撤除地膜及棚膜后，

图 6-27 小拱棚不同灌溉方式

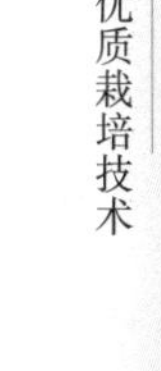

管理方法同露地栽培。棚室生姜发苗较早，追肥也应适当提前，常用追肥方法参考表6-3。

图6-28　浇水不及时干旱造成叶片卷曲

表6-3　生姜保护地栽培参考追肥表

时　期	时　间	施肥品种	施肥方式
壮苗肥	6月初	高氮追肥：每亩20kg	冲施
转折肥	7月下旬	高钾复合肥：每亩100kg	沟施
膨大肥	8月底	高氮追肥：每亩40kg	冲施

【提示】 棚室生姜苗期应小水勤浇，保持土壤相对湿度为65%~70%，夏季浇水以早、晚为宜，暴雨后注意排涝。立秋后进入旺盛生长期需水较多，应4~6天浇水1次，保持土壤相对湿度75%~80%。

（9）中耕培土　棚室生姜培土应因地制宜，因时制宜，以清明前后种植的小拱棚生姜为例，一般以培土3次为宜，如图6-29所示。

1）第一次培土（小培）：在生姜有3~5个分杈，但根茎未露出地表时开始（6 月下旬），培土约 2cm 厚。

2）第二次培土：应在第一次小培大约 20 天后进行，培土厚度为 2 ~ 3cm。

3）第三次培土：又称“大培”，在第二次培土后 15 ~ 20 天（大暑前后）进行，厚度以 7 ~ 8cm 为宜，此次培土后原姜沟变为姜垄。

图 6-29　培土后原来的垄变为沟

（10）及时扣棚，延迟收获　10 月根据天气情况，夏季撤去棚膜的大棚需重新扣棚，控制棚内白天温度为 25 ~ 30℃，夜间为 15 ~ 18℃。11 月下旬当棚内白天温度低于 15℃，夜间温度低于 5℃时，生姜生长停止，应及时进行收获。收获时选择晴天中午前后温度较高时进行，以防止姜块受冻。

第七章
有机生姜栽培技术

随着生活水平的提高，人们对农产品质量安全和农业产区的环境健康问题日益关注。采用严格、高效的有机蔬菜栽培技术生产优质、高产、无污染的生姜产品对于满足人们的生活需求，提升生姜产值和效益具有积极作用。有机生姜生产的难点是在不施用化肥和化学合成农药的前提下获得高产和优质，因此在实际生产中应采取综合管理措施方能达到预期效果。

第一节　有机生姜生产定义和生产标准

一　定义

有机生姜是指在整个的生产过程中严格按照有机农业的生产操作规程《欧共体有机农业条例2092/91》进行多次生产、采收、运输、销售，不使用化学农药、化肥、生长调节剂等化学物质以及转基因技术，遵循自然规律和生态学原理，采取一系列可持续发展的农业技术，协调种植平衡，维持农业生态系统稳定，且经过有机食品认证机构鉴定认证，并颁发有机食品证书的生姜产品。中国有机产品和有机转换产品标志如图7-1所示。

图7-1　中国有机产品标志

二 栽培基地的选择

1. 基地气候条件

栽培基地的平均气温要在 5.8～13℃，冬季最低气温不能低于 -15℃，无霜期在 200 天左右，年有效积温为 3000～3500℃，年日照时数在 2500h 以上，年降雨量保持在 700mm 以上。

2. 基地土壤条件

栽培基地应具有 3 年有机土壤转换期，前 3 年未种过姜科植物；土质肥沃、土层深厚、透气性好、有机质丰富、保水保肥能力强的沙壤土、壤土或黏壤土；有机质含量≥2%，碱解氮含量≥90mg/kg，速效磷含量≥10mg/kg，速效钾含量≥100mg/kg，符合全国第二次土壤普查土壤养分分级三级以上标准，土层深度要求在 40cm 以上；土壤 pH 在 5～7 之间，地下水位在 1.0m 以下；要求田块地势稍高，排灌要方便，不容易积水；生姜不适宜连作，应与水稻、十字花科、豆科等作物进行 3～4 年的轮作。

3. 基地环境条件

根据最新的有机产品标准规定，有机生姜生产基地应选择空气清新、土壤有机质含量高、有良好植被覆盖的优良生态环境，避开疫病区，远离城区，工矿区，交通主干线，工业、生活垃圾场等污染源。基地土壤环境质量符合国家二级标准，农田灌溉水质符合 V 类标准，环境空气质量标准要求达到国家二级标准和保护农作物的大气污染物最高允许浓度。相关标准见表 7-1、表 7-2和表 7-3。

表 7-1 土壤环境质量标准值 （单位：mg/kg）

级别	一级	二级			三级
土壤 pH	自然背景	<6.5	6.5～7.5	>7.5	>6.5
项目					
镉≤	0.20	0.30	0.60	1.0	
汞≤	0.15	0.30	0.50	1.0	1.5
砷水田≤	15	30	25	20	30

（续）

级　别	一　级	二　级			三　级
砷旱地≤	15	40	30	25	40
铜农田≤	35	50	100	100	400
铜果园≤	—	150	200	200	400
铅≤	35	250	300	350	500
铬水田≤	90	250	300	350	400
铬旱地≤	90	150	200	250	300
锌≤	100	200	250	300	500
镍≤	40	40	50	60	200
六六六≤	0.05	0.50			1.0
滴滴涕≤	0.05	0.50			1.0

注：1. 重金属（铬主要是三价）和砷均按元素量计，适用于阳离子交换量>5cmol(+)/kg的土壤，若阳离子交换量≤5cmol(+)/kg，其标准值为表内数值的半数。

2. 六六六为四种异构体总量，滴滴涕为四种衍生物总量。

3. 水旱轮作地的土壤环境质量标准，砷采用水田值，铬采用旱地值。

表 7-2　农田灌溉水质标准

序号	项　目	水　作	旱　作	蔬　菜
1	生化需氧量/(mg/L) ≤	80	150	80
2	化学需氧量/(mg/L) ≤	200	300	150
3	悬浮物/(mg/L) ≤	150	200	100
4	阴离子表面活性剂/(mg/L) ≤	5.0	8.0	5.0

（续）

序号	项　　目	水　　作	旱　　作	蔬　　菜
5	凯氏氮/(mg/L) ≤	12	30	30
6	总磷（以P计）/(mg/L) ≤	5.0	10	10
7	水温/℃≤	35	35	35
8	pH	5.5～8.5	5.5～8.5	5.5～8.5
9	全盐量/(mg/L)≤	1000（非盐碱土地区）；2000（盐碱土地区）；有条件的地区可以适当放宽	1000（非盐碱土地区）；2000（盐碱土地区）；有条件的地区可以适当放宽	1000（非盐碱土地区）；2000（盐碱土地区）；有条件的地区可以适当放宽
10	氯化物/(mg/L)≤	250	250	250
11	硫化物/(mg/L)≤	1.0	1.0	1.0
12	总汞/(mg/L)≤	0.001	0.001	0.001
13	总镉/(mg/L)≤	0.005	0.005	0.005
14	总砷/(mg/L)≤	0.05	0.1	0.05
15	铬（六价）/(mg/L)≤	0.1	0.1	0.1
16	总铅/(mg/L)≤	0.1	0.1	0.1
17	总铜/(mg/L)≤	1.0	1.0	1.0
18	总锌/(mg/L)≤	2.0	2.0	2.0
19	总硒/(mg/L)≤	0.02	0.02	0.02
20	氟化物/(mg/L)≤	2.0（高氟区）3.0（一般地区）	2.0（高氟区）3.0（一般地区）	2.0（高氟区）3.0（一般地区）
21	氰化物/(mg/L)≤	0.5	0.5	0.5
22	石油类/(mg/L)≤	5.0	10	1.0
23	挥发酚/(mg/L)≤	1.0	1.0	1.0
24	苯/(mg/L)≤	2.5	2.5	2.5
25	三氯乙醛/(mg/L)≤	1.0	0.5	0.5
26	丙烯醛/(mg/L)≤	0.5	0.5	0.5

（续）

序号	项目	水作	旱作	蔬菜
27	硼/(mg/L)≤	1.0（对硼敏感作物，如马铃薯、笋瓜、韭菜、洋葱、柑橘等）；2.0（对硼耐受性作物，如小麦、玉米、青椒、小白菜、葱等）；3.0（对硼耐受性强的作物，如水稻、萝卜、油菜、甘蓝等）	1.0（对硼敏感作物，如马铃薯、笋瓜、韭菜、洋葱、柑橘等）；2.0（对硼耐受性作物，如小麦、玉米、青椒、小白菜、葱等）；3.0（对硼耐受性强的作物，如水稻、萝卜、油菜、甘蓝等）	1.0（对硼敏感作物，如马铃薯、笋瓜、韭菜、洋葱、柑橘等）；2.0（对硼耐受性作物，如小麦、玉米、青椒、小白菜、葱等）；3.0（对硼耐受性强的作物，如水稻、萝卜、油菜、甘蓝等）
28	粪大肠菌群数/(个/L)≤	10000	10000	10000
29	蛔虫卵数/(个/L)≤	2	2	2

表 7-3　GB 3095—2012 中大气各项污染物的浓度限值

污染物名称	平均时间	浓度限值		浓度单位
		一级	二级	
二氧化硫	年平均	60	60	$\mu g/m^3$
	24h 平均	50	150	
	1h 平均	150	50	
二氧化氮	年平均	40	80	
	24h 平均	80	120	
	1h 平均	120	240	
一氧化碳	24h 平均	4	4	mg/m^3
	1h 平均	10	10	

（续）

污染物名称	平均时间	浓度限值		浓度单位
		一级	二级	
臭氧	日最大8h平均	100	160	μg/m³
	1h平均	160	200	
颗粒物（粒径≤10μm）	年平均	40	70	
	24h平均	50	150	
颗粒物（粒径≤2.5μm）	年平均	15	35	
	24h平均	35	75	
总悬浮颗粒物	年平均	80	200	
	24h平均	120	300	
氮氧化物	年平均	50	50	
	24h平均	100	100	
	1h平均	250	250	
铅	年平均	0.5	0.5	
	季平均	1	1	
苯并芘	年平均	0.001	0.001	
	24h平均	0.0025	0.0025	

4. 缓冲带

在有机基地和常规地块之间设置300m以上的缓冲带或物理障碍物，以保证有机地块不受污染。

【注意】 有机生姜蔬菜基地的土地应是完整地块，其间不能夹有进行常规生产的地块，但允许夹有有机转换地块，且与常规生产地块交界处须界限明显。

三 品种选择

在种植时应选择适宜当地土壤和气候条件，抗病、丰产、抗逆性强、商品性好的生姜品种，如山东莱芜大姜、广东疏轮大肉姜等。

1. 形态要求

生姜种植应选择肥大、丰满、皮色光亮、肉质新鲜不干缩、不腐烂、未受冻、质地硬、无病虫害，姜芽位于上部和外侧的姜块作为种姜。

2. 种源要求

种姜应是有机来源的种姜，在得不到认证的有机种子和种苗的情况下（如在有机种植的初始阶段），可使用未经禁用物质处理的常规种姜。禁止使用转基因或含转基因成分的种姜，禁止使用经有机禁用物质和方法处理的种子和种苗，种子处理剂应符合国家有机标准的要求。

3. 晒种消毒

3 月下旬 ~4 月上旬，选择晴天，将种姜晾晒 1 天以杀菌消毒。种姜掰姜前可用等量波尔多液浸种 20min，然后用新鲜、清洁的草木灰封伤口，这样做可有效阻止病虫害通过种姜传播。

四 有机生姜施肥技术原则

有机生姜不论育苗还是田间生产期间水肥管理均应按照有机蔬菜生产标准进行，基本要点如下。

（1）禁用化肥 可施用：有机肥料，如粪肥、饼肥、沼肥、沤制肥等；矿物肥，包括钾矿粉、磷矿粉、氯化钙等；有机认证机构认证的有机专用肥或部分微生物肥料。

（2）施用方法

1）施肥量。一般每亩有机生姜可施用有机粪肥 3000 ~ 4000kg 作底肥，追施专用有机肥 100kg。动、植物肥料用量比例以 1∶1 为宜。

2）重施底肥。结合整地施底肥，底肥占总肥量的 80%。

3）巧施追肥。生姜属浅根性作物，追肥时可将肥料撒施、掩埋

于定植沟内，并及时浇水或培土。

五 有机生姜病虫草害防治技术原则

生姜种植应坚持“预防为主，综合防治”的植保原则，通过选用抗、耐病品种，合理轮作、间混套作等农艺措施以及物理防治和天敌生物防治等技术方法进行有机生姜病虫草害防治。生产过程中禁用化学合成农药和基因工程技术生产产品。

（1）病害防治

1）可用药剂：石灰、硫黄、波尔多液、高锰酸钾等，可防治多种病害。

2）限制施用药剂：主要为铜制剂，如氢氧化铜、氧化亚铜、硫酸铜等，可用于细菌、真菌性病害防治。

3）允许选用软皂、植物制剂（植物源杀菌剂）、醋等物质抑制真菌病害。

4）允许选用微生物及其发酵产品防治生姜病害。

（2）虫害防治

1）提倡通过释放捕食性天敌，如瓢虫、捕食螨、赤眼蜂等，防治虫害。

2）允许使用软皂、植物源杀虫剂和提取剂防虫。

3）可以在诱捕器、散发皿中使用性诱剂，允许使用视觉性（如黄板、蓝板）和物理性捕虫设施（如黑光灯、防虫网等）。

4）可以限制性使用鱼藤酮、植物源除虫菊酯、乳化植物油和硅藻土杀虫。

5）有限制地使用杀螟杆菌制剂、Bt 制剂等。

（3）防除杂草 禁止使用基因工程技术产品或化学除草剂除草；提倡秸秆覆盖除草和机械除草。

第二节 有机生姜栽培管理技术

一 整地播种

1. 整地施肥

10～11 月作物收获后，应进行冬耕，深翻 20～30cm，使耕作层

加厚。第二年2月下旬~3月上旬土壤解冻后，应细耙1~2遍，并结合整地每亩施优质厩肥3000~5000kg，磷矿粉50~75kg，草木灰100~150kg。

2. 做畦

地面整平耙细后，按东西或南北方向做畦，畦面宽120cm，沟宽30cm，沟深30cm左右。

3. 播种

播种一般在4月中、下旬进行。播种密度为每亩6000~7000株。播种前按株行距17cm×40cm开沟，沟深20~30cm。将催好芽的姜块掰成50~75g大小种姜，每亩用种量300kg左右。掰好后的种姜用1%的波尔多液或草木灰浸种20min消毒，取出晾干备播。在种植沟内应浇足底水，待水渗下后，将种姜放入沟中，姜芽向上；放好后的种姜用手轻轻地按入泥中，使姜芽与沟面相平。种姜播下后应立即覆土，覆3~4cm疏松肥沃土。

4. 覆草

播种后1周左右，应在畦面盖一层3~5cm厚的稻草、麦秸、杂草或其他秸秆，以保墒防草。所覆盖的稻草必须是来自有机体系内部或经过有机认证的。

二 田间管理

1. 遮阴

生姜遮阴方式主要有覆草、覆银灰膜、搭遮阳网、插姜草（荫障）等。

1）覆草：播种覆土后将麦秸或其他软叶材料直接盖在定植沟的上方，地膜覆盖栽培的出苗后割破地膜再覆草，用土压实，以防风吹。覆草厚度为2~3cm，每亩用草量为200kg。

2）覆银灰膜：覆土后直接覆盖银灰膜，出苗后破膜引苗。

3）搭遮阳网：在植株上方搭建遮阳网，遮光率可达60%，遮阴棚高度为80~100cm。

4）插姜草：在定植行的南侧或西侧插姜草，荫障高度为60~70cm。

【栽培禁忌】 覆盖银灰农膜具有遮阴防蚜的作用，但有机生姜栽培应禁用含氯农膜，须予注意。

2. 合理灌溉

播种后10～15天，当姜田有60%～70%种姜出芽时，应浇第一次水，待地皮显白时再浇第二次水，幼苗前期以浇小水为主；幼苗后期，应根据天气和土壤墒情适当勤浇水，夏季浇水以早晚为好，旺盛生长期要根据土壤实际情况，经常浇水，保持土壤相对湿度在65%～70%。水质要符合农田灌溉水质标准中的三级标准。

3. 追肥、培土

有机生姜在整个生长发育期内要进行多次追肥和培土。当苗高15cm时结合中耕除草应进行第一次培土，之后每15～20天培土1次，共需培土3～4次。当苗高30cm时应进行第一次追肥，每亩施腐熟人畜粪尿300～400kg或沼液肥1500～2000kg。沼肥生产设施如图7-2和图7-3所示。立秋前后，生姜进入“三股杈”时期进行第二次追肥，每亩追施饼肥75kg或商品有机肥100～150kg、草木灰150kg。9月上旬生姜分枝6～8个时，每亩追施生物有机肥30kg，以促进姜块膨大，防止根茎早衰。

图7-2　沼液过滤装置

图7-3　沼渣发酵池

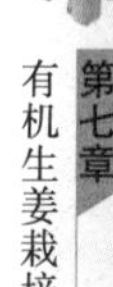

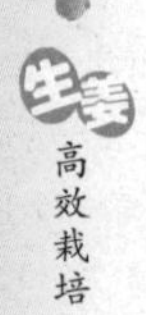

【注意】 目前沼液肥生产厂家往往向沼液中添加氮磷钾肥后出售，有机生姜施用沼液前需严加确认后施用。

4. 中耕除草

4月下旬~5月上旬，在姜田覆草之前应进行1次中耕；6~8月，视田间杂草多少结合培土进行2~3次除草；9月上、中旬，结合施根茎膨大肥进行除草。中耕深度为10cm左右，不宜过深。若遇苗期雨水较多，则应在雨后进行2~3次中耕除草。

三 常见病虫害防治

（1）姜瘟病 6~8月为发病初期，应及时挖除病株，并在病窝内撒250~500g生石灰，然后用无菌土封住；每10~15天喷施1次等量式波尔多液。

（2）姜炭疽病 首先，种姜收获后要彻底清除植株病残体，并进行异地烧埋处理。其次，要尽量施用农家有机肥，做到不偏施氮肥。第三，要严禁田间积水，应及时做好清沟排渍工作。6~7月的发病初期，应每10~15天喷施1次等量式波尔多液，连续喷2~3次。

（3）姜斑点病 7~8月为发病初期，应喷施石硫合剂500~800倍液或可湿性硫黄粉。

（4）姜螟 5~7月可用频振式杀虫灯或黄板诱杀成虫；田间喷施除虫菊、鱼藤酮、苦参碱、茶皂素等生物杀虫剂。

（5）小地老虎 6~7月、10~11月应深翻晒土，杀死幼虫、蛹；利用自制的糖醋毒液、黑光灯诱杀地老虎成虫；喷施除虫菊、苦参碱、烟草水等植物杀虫剂。

（6）蓟马 5~6月可在姜田内设置蓝色粘虫板（图7-4）；喷施肥皂水、除虫菊等药剂防治。

（7）蚜虫 6~8月可在姜田内设置黄色粘板（图7-5），并用苦参碱、除虫菊等植物源农药防治。

图 7-4　蓝板防治蓟马

图 7-5　黄板防治蚜虫

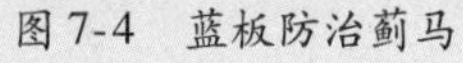

四 采收储运

1. 采收

9 月中、下旬 ~ 10 月下旬，初霜到来之前，根茎已经充分老熟时，应选择晴天进行收获，将生姜整株刨出，抖落根茎上的泥土，然后自基部将茎秆用刀削掉，清除须根和肉质根。

【提示】 采收所有的用具必须是洁净无污染的；采收下来的生姜应盛装在清洁的容器中；对不同生产区的产品予以分装并用标签区别标记。

2. 储藏

为储藏生姜，应建深 2m、宽 1.2m，长根据储姜量而定的储藏窖，窖底略斜。在窖中每隔 50 ~ 80cm 竖一根竹筒，竹筒只留顶节不打通，在顶节下打孔。之后在窖底从较高端开始竖排姜块，每排一层，加盖一层湿润细沙，直至距地面 50cm 左右处，最上层盖 8 ~ 10cm 厚的细沙。然后架上竿、木棍，其上铺盖玉米秸、稻草等作物秸秆，最后用细土封顶至高出地面。

【提示】 有机产品与常规产品要分窖储藏，严禁在有机生姜储藏场所存放化肥、农药等影响有机产品质量的物质；同时要注意防虫、鼠危害和机械损伤。

3. 运输

有机生姜包装材料及运输工具都应经过消毒，保持卫生及无化学药剂污染；运输时轻装、轻卸，严防机械损伤；运输中要注意防冻、防晒、防雨淋和通风换气。运输过程中有机生姜的包装袋须悬挂标签，标签上注明有机生姜的生产基地、生产区，并有详细的运输记录。

第八章
生姜主要病虫草害诊断与防治技术

第一节 生姜病害诊断与防治技术

一 常见侵染性病害及安全防治技术

1. 姜瘟病

【病原】 青枯假单胞杆菌，属变形菌门细菌。

【症状】 又称为姜腐烂病或青枯病，植株的根、茎、叶等部位均可染病。发病初期，植株叶片卷缩、萎蔫、无光泽，病叶由基部向上逐渐变为枯黄色，最后导致整株枯黄死亡。茎基部和地下根茎部发病初期受害处稍微变软，浅褐色，水渍状。如果将病茎基部或根部横切检查，病部维管束变色，用手挤压，有污白色黏液从维管束部分溢出。发病后期，内部组织变褐腐烂，溢出灰白色汁液，残留纤维，最后凋萎并易从茎秆基部折断死亡，如彩图14所示。

【发生规律】 该病是生姜种植区最常见，并且在我国各地均普遍发生的一种毁灭性病害。发病地块一般减产10%~20%，重者达50%以上，甚至造成绝产，对生姜的生产构成严重威胁。病菌主要在种姜病部或土壤内越冬，带菌的种姜是主要的侵染源，栽种后成为中心病株。生长期间借助雨水或灌溉水以及昆虫等媒介传播，病菌通常会从茎基部和生姜的自然裂口或机械伤口入侵。该病害发生适温为26~31℃，温度越高，

发病越快。高温、多雨天气病害发生严重。华北地区，一般7月开始发病，8～9月进入发病盛期，10月天气凉爽，病情逐渐稳定。

【防治方法】 姜瘟病的发病期长，可多次侵染，病菌传播途径较广，因此防治比较困难。目前没有理想的杀菌药剂，也未发现抗病品种，因此应以农业防治为主，辅之以药剂防治，以切断传播途径，尽可能控制病害的发生和蔓延。

1）农业措施。严格进行选种，收获时在田间严格选择无病的植株留种；播种前再进行严格挑选，以防带病种姜播种。多年种植姜的老姜田尤其是已发病的地块，实行3～4年以上的轮作。加强田间管理，防治地下害虫，及时排除田间积水。重施基肥，特别要多施草木灰。一旦发现病株、病姜，就应立即拔除，在病穴及其周围撒施石灰消毒，病株及病姜应集中处理，不能用来做堆肥。

2）药剂防治。发病初期，可采用下列药剂防治：72%农用链霉素可溶性粉剂2000～4000倍液、1∶2∶（300～400）倍波尔多液、88%水合霉素可湿性粉剂1500～2000倍液、90%新植霉素（土霉素与链霉素复配）2000～4000倍液、86.2%氧化亚铜水分散粒剂1000～1500倍液、46.1%氢氧化铜水分散粒剂1500倍液、27.13%碱式硫酸铜悬浮剂800倍液、47%加瑞农（加收米与碱性氯化铜复配）可湿性粉剂800倍液、50%琥胶肥酸铜可湿性粉剂500倍液、3%中生菌素可湿性粉剂1000～1200倍液、20%噻菌铜悬浮剂1000～1500倍液、14%络氨铜水剂300倍液、60%琥铜·乙膦铝可湿性粉剂500～700倍液、47%春·氧氯化铜可湿性粉剂700倍液等。采用药剂灌根或基部喷施，视病情每隔7～10天喷药1次，连续防治2～3次。发现病株后将病株拔除并按照控制蔓延法处理以后，应用50%的多菌灵500倍液灌根，对治疗病害有一定的效果。姜瘟病发病期防治效果较差，一般以预防为主。

2. 姜斑点病

【病原】 姜叶点霉菌，属半知菌亚门真菌。

【症状】 又名白星病，主要为害叶片，叶斑细小，黄白色，呈现梭形或长圆形，长2～5mm，病斑中部变薄，易破裂或呈穿孔状。严重时，病斑密布，全叶似星星点点，影响光合作用，植株长势减弱或停止生长，发病中心明显，如彩图15所示。

【发生规律】 其分生孢子器为扁圆形或球形，黑褐色，具有孔口，当孢子成熟时随即从孔口涌出。分生孢子为椭圆形，无色，单孢，分生孢子团常呈带状或卷须状。主要以菌丝体和分生孢子器随病残体遗落土中越冬，以分生孢子作为初侵染和再侵染源，借雨水溅射传播蔓延。温暖、高湿、株间郁闭、田间湿度大或重茬连作地块，本病易发生。

【防治方法】

1）农业措施。避免连作，可行的情况下实行2年以上的轮作。选择排灌方便的地块种姜，不要在低洼地种植。注意氮磷钾肥的配比施用，不要偏施氮肥，也要施磷钾肥，特别是钾肥。

2）药剂防治。发病初期可采取以下药剂防治：70%甲基硫菌灵可湿性粉剂1000倍液＋75%百菌清可湿性粉剂1000倍液、70%甲基硫菌灵可湿性粉剂1000倍液、20%噻菌铜悬浮剂1000～1500倍液、50%醚菌酯悬浮剂2500～4000倍液等。兑水喷雾，视病情每隔7～10天喷药1次，连续防治2～3次。

3. *姜炭疽病*

【病原】 辣椒刺盘孢菌，属半知菌亚门真菌。

【症状】 该病以为害生姜叶片为主，同时也为害其他大多数姜科和茄科类作物。发病初期先从叶尖和叶缘开始出现病斑，最初病斑为褐色水浸状，后开始向内逐渐扩展成梭形或椭圆形等褐斑，数个病斑会连成大片病块，使叶片发褐干枯，严重影响光合作用。空气潮湿时，病面会出现小黑点，即病菌的分生孢子盘（彩图16）。

【发生规律】 病菌以菌丝体和分生孢子盘在病部或随病残体遗落土中越冬，在南方分生孢子在田间寄主作物上辗转为害，只要遇到合适的寄主便会侵染，无明显越冬期。病菌分生孢子在田间借风雨或昆虫活动传播，分生孢子扩散传播需叶面有水

膜存在，病害再侵染频繁，遇适宜条件极易暴发流行。发病适温为25～28℃，要求90%以上的相对湿度，属高温高湿型病害。

【防治方法】

1）农业措施。与其他作物轮作2年以上。种姜收获后要彻底清除植株病残体，并进行烧埋处理。重施用农家肥或有机肥，施用化肥必须注意氮磷钾肥的合理配比，不偏施氮肥。严禁田间积水，及时做好清沟排渍工作。

2）药剂防治。发病初期可采用以下药剂防治：25%溴菌腈可湿性粉剂800倍液、40%多硫悬浮剂500倍液、70%甲基硫菌灵可湿性粉剂700倍液、10%苯醚甲环唑水分散粒剂1000～1500倍液、80%代森锰锌可湿性粉剂800倍液、40%多·福·溴菌腈可湿性粉剂800～1000倍液、25%咪酰胺乳油1000～1500倍液、60%唑醚·代森联水分散粒剂1500～2000倍液、75%百菌清1000倍液等。兑水喷雾，每7～10天喷1次，连续防治2～3次。

4. 姜叶枯病

【病原】 姜球腔菌，属于子囊菌亚门真菌。

【症状】 该病主要为害叶片。发病初期叶片产生黄褐色小斑点，后又逐渐扩大成大小不等的椭圆形或不规则形病斑，病斑为黄褐色，边缘褐色，易穿孔。后期病斑表面生出黑色小粒点，即病菌子囊座。发病严重时，叶片布满病斑或病斑连成片，致使整个叶片变褐、枯萎，如彩图17所示。

【发生规律】 该病属于真菌性病害，子囊座球形或扁球形，黑色。子囊圆柱形或棍棒形，内含有8个子囊孢子，子囊孢子双胞，无色，椭圆形。无性分生孢子器球形，黑色，内含分生孢子。分生孢子单胞，无色，椭圆形至卵形。

病菌以菌丝体和子囊座在病残叶上越冬，第二年产生子囊孢子，借风雨、昆虫和农事操作传播蔓延。该病害属高温高湿型，高温季节遇连续阴雨或重雾、多露天气，易于发病且使病情发展严重。此外，氮肥过量、植株徒长或过密、通风不良等均能加重

病害，连作地块发病重。

【防治方法】

1）农业措施。首先可以选用莱芜生姜、密轮细肉姜、疏轮大肉姜等抗病优良品种作种姜。其次应选择地势较高地块种植，精耕细翻土地，高垄或高畦栽培。重病地与禾本科或豆类作物进行3年以上轮作。配方施肥，施用腐熟粪肥。适时、适量灌水，注意降低田间湿度。收获后要彻底清除田间病残体然后集中烧毁。如果田间发病，则要及时摘除病叶并深埋或烧毁。

2）药剂防治。发病初期可采用以下药剂防治：60%吡唑醚菌酯·代森联水分散粒剂1500倍液、10%苯醚甲环唑水分散粒剂1500倍液、80%代森锰锌可湿性粉剂800倍液、43%戊唑醇悬浮剂3000倍液、50%醚菌酯浮剂5000倍液、50%多菌灵可湿性粉剂400倍液、64%噁霜·锰锌可湿性粉剂500倍液、75%百菌清可湿性粉剂600倍液、65%多果定可湿性粉剂1500倍液等。兑水喷雾，每7~10天喷1次，连续防治2~3次。

5. 姜根结线虫病

【病原】 南方根结线虫，属动物界线虫门。

【症状】 姜农又称“癞皮病”“疥皮病”。生姜自苗期至成株期均可发病，主要为害根和根茎，侵染后造成根系吸收能力下降，植株发育不良，叶小，色暗，茎萎缩，分枝少。发病植株在根部和根茎部均可产生大小不等的瘤状根结，根结一般为豆粒大小，有时连接成串状，初为黄白色突起，以后逐渐变为褐色，呈疱疹状破裂、腐烂。横切根茎，横断面能看到黄色或褐色半透明圆形斑点（彩图18）。

【发生规律】 姜根结线虫主要在土壤和病姜根茎中越冬。第二年条件适宜时，越冬卵孵化，1龄幼虫留在卵内，2龄幼虫从卵中钻出进入土壤。幼虫通常从姜的幼嫩根尖或块茎伤口处侵入，刺激寄主细胞增生，使之成为根结。姜根结线虫主要靠灌溉水和雨水、带病土壤、病株及带病种姜等途径传播，每年一般可

发生3代。当土壤温度为25～30℃，相对湿度为40%～70%时适合线虫繁殖。当土温超过40℃或低于5℃时线虫活动较少，55℃经10min可致死。

【防治方法】

1）农业措施。严格选用无病种姜，收获后及时清除带虫残体，降低虫口密度，带虫根茎晒干后要烧毁或深埋。冬前应深翻土壤，合理施肥，宜与禾本科作物实行2年以上的轮作。

2）药剂防治。可结合整地采用下列药剂进行土壤处理：5%阿维菌素颗粒剂3～5kg/亩、8%二氯异丙醚乳油3kg/亩、98%棉隆微粒剂3～5kg/亩、10%噻唑磷颗粒剂2～5kg/亩、5%丁硫克百威颗粒剂5～7kg/亩等。生育期间发病，可用1.8%阿维菌素乳油1000倍液、48%毒死蜱乳油500倍液灌根，每株25mL，每隔5～7天防治1次。

6. 姜眼斑病

【病原】 德斯霉菌，属半知菌亚门真菌。

【症状】 该病主要为害叶片。发病初期叶面先出现褐色的点状病斑，后又逐渐发展成梭形病斑，形似眼睛。病斑灰白色，边缘浅褐色，病部四周黄晕明显或不明显。湿度大时，病斑两面生暗灰色至黑色霉状物，即病菌的分生孢子梗和分生孢子（彩图19）。

【发生规律】 病菌以分生孢子丛随病残体在土壤中越冬。第二年分生孢子借助风雨传播进行初侵染和再侵染。温暖多湿的天气有利于该病发生，地势低洼、湿度大、肥料不足，尤其施钾肥偏少时，容易导致该病的发生。

【防治方法】

1）农业防治。加强肥水管理，增施磷钾肥。经常清沟排渍，降低田间湿度。

2）药剂防治。发病初期可采用以下药剂防治：30%碱式硫酸铜悬浮剂300倍液、30%氯氧化铜悬浮剂600倍液、77%氢氧化铜可湿性粉剂600倍液、50%腐霉利可湿性粉剂1500倍液、

40%克瘟散乳油800倍液等。兑水喷雾，每7~10天喷1次，连续防治2~3次。

7. 姜病毒病

【病原】 黄瓜花叶病毒和烟草花叶病毒。

【症状】 生姜在生产上长期采用无性繁殖，容易感染多种病毒病。感染了病毒病的生姜，其优良性状退化，品质下降，一般表现为叶面出现浅黄色线状条斑，引起系统花叶、褪绿、叶片皱缩，严重时植株矮化或叶片畸形，生长缓慢（彩图20）。

【发生规律】 病毒病可通过种姜传播，借蚜虫或枝叶摩擦传毒，发病适温为20~25℃。高温、干旱条件下，蚜虫、白粉虱发生严重时发病较重。

【防治方法】

1）农业措施。培育无毒种姜。施足有机肥，适当增施磷钾肥，提高自主抗病力。棚室栽培生姜的放风口安装防虫网，秋延迟茬棚膜遮盖遮阳网降温，防蚜、白粉虱和蓟马等。设置黄板诱蚜，并及时拔除病株。

2）药剂防治。蚜虫、蓟马等是病毒传播的主要媒介，可用以下杀虫剂进行喷雾防治：240g/L螺虫乙酯悬浮剂4000~5000倍液、10%吡虫啉可湿性粉剂1000倍液、3%啶虫脒乳油2000~3000倍液、1%苦参素水剂800~1000倍液、25%噻虫嗪可湿性粉剂2500~5000倍液、2.5%氯氟氰菊酯水剂1500倍液、10%烯啶虫胺水剂3000~5000倍液。

发病前或初期用以下药剂防治：20%吗啉胍·乙酮可湿性粉剂500~800倍液、2%宁南霉素水剂300~500倍液、7.5%菌毒·吗啉胍水剂500~700倍液、1.5%硫铜·烷基·烷醇水乳剂300~500倍液、3.95%吗啉胍·三氮唑核苷可湿性粉剂800~1000倍液、5%菌毒清水剂500倍液等。兑水喷雾，视病情每5~7天喷1次，连续防治2~3次。

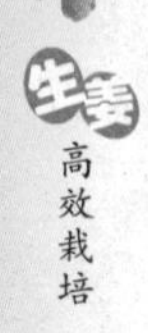

【提示】 生姜叶片光滑，药液附着性差，因此喷药防治时宜添加有机硅展着剂（图8-1）或中性洗衣粉，可提高药效。

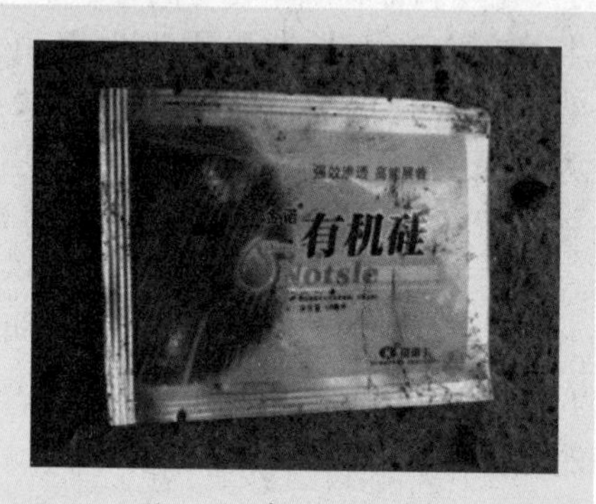

图8-1 有机硅展着剂

二 常见生理性病害及安全防治技术

生姜生产中常常遇到高温、肥害、营养不良等情况引发的生理性病害，部分姜农往往将其当作侵染性病害防治，不仅贻误防治时机，增加防治成本，而且造成农药残留，大大降低产品产量和品质。下面介绍几种生产上常见的生理性病害的症状、发生原因及防治方法。

1．苗期叶片畸形

【症状】 苗期幼嫩的新叶在出孔处扭曲不展，下一新叶也不能抽生，几片叶形成“绞辫子”状，外层叶背由于扭曲不展日灼后变白，剥开后可以看到叶正面斑状或条状黄化（彩图21）。

【病因及发生规律】 苗期叶片畸形的发生可能有以下几个方面的原因。

1）苗期干旱，气温高，浇水又不及时所致。

2）施用未经腐熟的有机肥，有机肥在土壤中腐烂的过程产生有害气体，使姜幼嫩组织受到伤害，造成叶片畸形生长。施肥方式不当，也可使幼芽受害，造成叶片生长畸形。

3）生姜苗期受到蓟马危害也能使叶片生长畸形。

4）地膜覆垄的姜田，由于地膜和土垄接触不严，留有间隙，形成“小棚”，高温时气体从姜苗处外泄，对姜芽形成危害造成叶片畸形生长。

5）小拱棚种植，如果只从姜芽顶部放风，高温时气体从姜芽顶端外窜，对姜芽形成危害造成叶片生长畸形。

【防治方法】

1）苗期合理浇水。生姜苗期一般不浇水，遇干旱年份应浇小水，使地面保持湿润，利于提高地温和降低地表以上气温。

2）使用腐熟有机肥，有机肥多时尽量撒施后耕地。种植时氮磷钾复合肥尽量采用沟施，与土壤混合均匀，肥料不宜接触种姜。

3）及时防治蓟马等害虫。

4）采用地膜覆盖时尽量使地膜和垄面贴近，不留间隙。

5）放风时，要在顶芽四周多开几个放风孔。

2. 叶片黄化

【症状】 生姜生长进入“三股杈”时期后出现叶片黄化现象，上部叶片先变黄后变白，最后干枯；根茎不膨大，根系不发达，植株矮化、瘦弱，光合作用降低（彩图22、彩图23）。

【病因及发生规律】 种植地块严重缺乏有机质，种植时施肥不合理，铁、镁、铜、锌、锰等微量元素缺乏均可导致生姜叶片黄化。

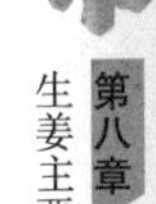

【防治方法】

1）使整平过的地块熟土下压，生土上浮。

2）施肥时应多施优质土杂肥，适时补充中微量元素肥。

3）生姜出齐苗后，随水冲施10%氨基酸液体肥2～3kg/亩，并可视苗情进行根外追肥，如叶面喷施300倍氨基酸溶液、叶面微肥等。

3. 有机肥肥害

【症状】 姜芽出苗后生长缓慢，进入生长旺期时其高度还不及正常苗高的1/3。地下根茎不膨大，母姜、子姜上无根或根很少，大部分根生长在孙姜或孙孙姜上，地下茎簇生，地上叶片扭

曲，大部分叶片不伸展、僵硬，部分叶片黄化（彩图24）。

【病因及发生规律】 施用未腐熟的有机肥造成，尤其是施用未腐熟鸡粪，其在地下发酵放出氨气和亚硝酸气体会伤及生姜根部，肉质根受害后腐烂，新根不能正常生长，使生姜得不到水肥补充而形成“老苗”。

【防治方法】

1）耕地前将粪肥撒施，然后深耕细耙。

2）有机肥充分腐熟后施用。

3）观察施肥后植株生长状况，及时浇水。

4. 幼芽腐烂

【症状】 生姜刚出芽时幼芽腐烂，幼叶黄化生长不良，如彩图25所示。

【病因及发生规律】 生姜出苗时遇雨或浇水过后天气出现高温，地表温度过高、湿度过大伤及幼芽所致。

【防治方法】

1）生姜出苗时尽量不浇水或少浇水，浇水时以小水为宜。

2）及时破膜放风，以防水后高温。

第二节 生姜虫害诊断与防治技术

1. 姜螟

【分布】 属鳞翅目螟蛾科，又称截虫、钻心虫、食心虫。姜螟是为害生姜的主要害虫，全国各地均可发生，一般年份该虫在生姜田的危害株率为2%～5%，如果不注意防治，则会达到10%以上的危害率。

【危害与诊断】 姜螟成虫灰黄或灰褐色，体长10～15mm，翅长25～32mm，前翅灰黄色，边缘有7个黑点，后翅白色。雄蛾略小，体色和翅色较深，前额圆，触角鞭状；雌蛾的翅黑点不太明显，触角丝状。卵长12.8mm左右，宽0.78mm左右，浅黄色，扁平、椭圆形。卵粒表面有龟甲状刻印，卵块呈2行排列，产于叶片背面。幼虫体长28 mm左右。初孵时乳白色，成熟后浅黄色，背面有褐色突起，两侧有紫色亚背线。气门上各有 2 条线，头壳、口器均为黄褐色。幼虫孵化 2 ~3 天后，从叶鞘与茎秆缝隙或心叶侵入，咬食嫩茎和叶片，使茎空心，叶片呈薄膜状，在伤处残留粪屑。叶片展开后，呈现不规则的食孔，茎、叶鞘常被咬成环痕。生姜植株被姜螟咬食后，造成茎秆空心，水分及养分运输受阻，姜苗上部叶片枯黄凋萎，茎秆易于折断，如彩图 26 所示。

【发生规律】 姜螟 1 年可发生 3 ~4 代，世代重叠，以末代老熟幼虫在作物或杂草上越冬，第二年春化蛹。成虫羽化后，白天隐藏在作物及杂草间，傍晚飞行，有趋光性，夜间交配，交配后 1 ~2 天产卵，每头成虫平均产卵 100 ~120 枚。幼虫孵化后开始咬食茎叶，华北地区一般于 6 月上旬开始出现幼虫，一直危害至收获，其中 7 ~8 月发生量大，危害重。

【防治方法】

1）农业措施。彻底清洁姜田并异地烧埋；人工捕捉幼虫或用诱虫灯诱杀成虫；用赤眼蜂、杀螟杆菌等进行生物防治。

2）药剂防治。在虫卵孵化高峰期，螟虫尚未钻入心叶蛀食之前，叶面喷施 90% 晶体敌百虫 800 ~900 倍液、40% 毒死蜱乳油 1000 倍液、2. 5% 溴氰菊酯乳油 1500 倍液、2. 5% 吡虫啉微乳剂 1000 倍液、50% 马拉硫磷乳剂 1000 倍液、15% 茚虫威悬浮剂 4000 ~5000 倍液、5% 氟虫腈悬浮剂 3000 ~4000 倍液等，也可用这些药剂注入地上茎的虫口。

【提示】 姜螟幼虫在 2 龄前抗药性最强，应提倡治早治小，适时进行喷药防治。

2. 小地老虎

【分布】 又名土蚕、地蚕，属鳞翅目夜蛾科，在各地普遍发生，年发生代数随各地气候不同而异。

【危害与诊断】 小地老虎是生姜出苗后最先出现的虫害，为

害时一般在姜苗基部伤害茎髓，造成心叶萎蔫、变黄或猝然倒地。成虫体长 16 ~ 23mm，翅展 42 ~ 54mm，深褐色，前翅由两条横线将全翅分为 3 段，具有显著的肾状斑、环形纹、棒状纹和两条黑色的剑状纹；后翅灰色，无斑纹。卵长 5mm，半球形，表面具纵横隆起，初产时乳白色，后出现红色斑纹，孵化前灰黑色。幼虫体长 37 ~ 47mm，灰黑色，体表布满大小不等的颗粒，臀部黄褐色，有 2 条深褐色纵带。蛹长 18 ~ 23mm，赤褐色，有光泽，第 5 ~ 7 腹节背面的刻点比侧面的刻点大，臀棘为 1 对短刺，中间分开，如彩图 27 所示。

【发生规律】 小地老虎一年内可发生数代，以老熟幼虫及蛹在土壤中越冬。每年主要以第一代幼虫为害姜苗。成虫夜间交配产卵，卵产于杂草或贴近地面的叶背及嫩茎上，每头雌蛾平均产卵 800 ~ 1000 粒。成虫对黑光灯、糖、醋、酒等有较强的趋性。幼虫共 6 龄，3 龄前白天潜伏土中 1.5cm 处，夜间出来活动，咬食姜苗，经常齐地咬断嫩茎。小地老虎喜温暖潮湿环境，适宜生存温度为 15 ~ 25℃，姜田周围杂草多、蜜源植物多时，危害严重。

【防治方法】

1）农业措施。清除田边杂草，以防小地老虎成虫产卵；用诱虫灯、糖醋液等诱杀成虫；生姜播种前，可以将小地老虎喜食的植物苦荬菜、白茅、苜蓿等堆放田边，诱杀幼虫。

2）药剂防治。可用 90% 晶体敌百虫 500mL 兑水 2.5 ~ 5.0kg，喷拌铡碎的鲜草 30 ~ 35kg 或碾碎炒香的豆饼渣或麦麸 50kg，于傍晚在行间苗根附近隔一定距离撒一小堆或在作物根际附近围施。每亩需用鲜草毒饵 15 ~ 20kg、豆饼毒饵 4 ~ 5kg。1 ~ 3 龄幼虫期可用 2.5% 溴氰菊酯乳油 3000 倍液、90% 晶体敌百虫 800 倍液、50% 辛硫磷乳油 800 倍液等喷杀。

3. 蓟马

【分布】 蓟马属缨翅目蓟马科。我国南北方均有分布，蓟马是一种食性很杂的害虫，除为害生姜外，还为害百合科、葫芦科和茄科等多种蔬菜作物，以北方作物受害较重。

【危害与诊断】 蓟马的成虫和若虫均以刺吸式口器吸食植物汁液。姜叶受害后，产生很多细小的灰白色斑点，受害严重时叶片枯黄扭曲。蓟马成虫体长1～1.3mm，体色自浅黄色至深褐色，多数为浅褐色。复眼紫红色，呈粗粒状，稍突出，触角7节。雄虫无翅，雌虫有翅，翅浅黄褐色。卵肾形，黄绿色。若虫共分2龄；1龄若虫白色透明；2龄若虫体长0.9mm，形态似成虫，体色自浅黄至深黄色。蛹体形似2龄若虫，已长出翅芽，能活动，但不取食，如彩图28所示。

【发生规律】 蓟马一般每年发生3～4代，但各地实际发生代数存在差异，如山东每年发生6～10代，北京发生10代左右，长江流域发生8～10代，华南地区发生20代以上。以成虫、若虫和拟蛹在姜属作物叶鞘内、土块、土缝或枯枝落叶中越冬，华南地区或保护地栽培的无越冬现象。成虫怕光，早、晚或阴天取食旺盛，植株阴面虫量多。

当气温低于25℃、空气相对湿度低于60%时有利于蓟马发生，高温高湿不利于其发生，少量雨水对其发生无影响。年中以4～5月和10～11月发生危害较重，应注意提前预防。

【防治方法】

1）农业措施。早春清除田间杂草、残株和落叶，集中烧毁或深埋，消灭越冬成虫或若虫。栽培过程中勤灌水，勤除草，可减轻其危害。

2）药剂防治。若虫盛发期用下列药剂防治：25%吡虫·仲丁威乳油2000～3000倍液、50%辛硫磷乳油1000倍液、10%烯啶虫胺水剂3000～5000倍液、21%增效氰马乳油（灭杀毙）5000～6000倍液、10%吡虫啉可湿性粉剂1500～2000倍液、20%氰戊菊酯乳油2000～3000倍液、3%啶虫脒乳油2000～3000倍液、240g/L螺虫乙酯悬浮剂4000～5000倍液、25%噻虫嗪水分散粒剂6000～8000倍液、50%抗蚜威可湿性粉剂2000～3000倍液、10%氯噻啉可湿性粉剂2000～3000倍液、20%氰戊菊酯乳油2000倍液、48%毒死蜱乳油3000倍液、2.5%三氟氯氰菊酯乳油

3000～4000倍液、3.2%烟碱川楝素水剂200～300倍液、1%苦参素水剂800～1000倍液等。兑水喷雾，视虫情每隔7～10天喷施1次。

4. 甜菜夜蛾

【分布】 甜菜夜蛾属鳞翅目夜蛾科，属多食性害虫。该虫分布广泛，具有暴发性，是生姜中后期危害的主要害虫。

【危害与诊断】 甜菜夜蛾的形态可分为成虫、卵、幼虫、蛹4个阶段。幼虫对生姜的危害性最强，一般分为5龄。初龄幼虫群聚结网，在叶片背面取食叶肉，将叶片吃成空洞或缺刻，叶片呈薄膜状，严重时整个叶片被咬食殆尽。3龄以后分散为害，4龄后食量大增，4～5龄为为害暴食期，取食量占全幼虫期的80%～90%。幼虫有假死性，大龄幼虫食量大，可食尽姜叶，只剩叶脉和叶柄，导致植株死亡，缺苗断垄。受甜菜夜蛾为害的生姜茎秆细弱，分枝少，叶片发黄，长势减弱，姜球少而瘦。幼虫老熟后，通常在较为干燥的土表下5～10cm处做椭圆形土室化蛹。

成虫灰褐色，昼伏夜出，白天潜伏在土缝、杂草丛及植物茎叶的浓荫处，傍晚开始活动。日落后的晚上6：00～8：00为成虫最活跃的时期。大龄幼虫白天潜伏在植株的根基、土缝间或草丛内，傍晚前后转移到植株上取食为害，在生姜上取食时间多在晚上7：00～第二天早上6：00，如彩图29所示。

【发生规律】 甜菜夜蛾在各地区危害程度不一，江淮、黄淮流域危害较为严重，受害面积较大。甜菜夜蛾在长江流域一年内可发生5～6代，越往南方每年发生代数越多。主要以蛹在土壤中越冬，在华南地区无越冬现象，可终年繁殖危害。

【防治方法】

1）农业措施。结合田间管理，人工摘除卵块和初孵幼虫为害的叶片，并集中处理。注意铲除田边杂草等滋生场所，晚秋或初春应及时翻地灭蛹。

2）物理或生化诱杀。利用幼虫假死性进行人工捕捉，并可利用黑光灯对成虫进行物理诱杀。按照6份红糖∶3份米醋∶1份水比例配成糖醋液诱杀。

3）低龄幼虫抗药性差，可于 3 龄以前采用以下药剂或配方防治：1.8% 阿维菌素乳油 2000～3000 倍液、20% 甲维·毒死蜱乳油 3000～4000 倍液、0.5% 甲氨基阿维菌素苯甲酸盐乳油 2000～3000 倍液、5% 丁烯氟虫腈乳油 2000～3000 倍液、2.5% 三氟氯氰菊酯乳油 4000～5000 倍液、40% 菊·马乳油 2000～3000 倍液等。兑水喷雾，视虫情每隔 7～10 天防治 1 次。另外，甜菜夜蛾对有机磷、有机氯、菊酯类农药表现出较强的抗性，因此在使用这几类农药时要注意交替搭配，综合施用。

【提示】 由于甜菜夜蛾一般昼伏夜出进行危害，且大龄幼虫具有极强的抗药性，因此最好在清晨和傍晚进行喷药，且须在卵盛期至幼虫 3 龄以前进行防治。

第三节　生姜田间杂草防治技术

生姜田杂草种类主要有禾本科杂草和部分阔叶杂草。常见杂草为稗草、马唐、牛筋草、狗尾草、反枝苋、马齿苋、鸭跖草、鲤肠、半夏、铁苋菜、苍耳、狗牙根、黎、附地菜、田旋花、泥胡菜、香附子、雀麦、野燕麦等。从山东省莱芜、安丘等地调查的 100 多块生姜田杂草的发生频率看，牛筋草、马唐、马齿苋、反枝苋、香附子出现的频率在 80% 以上，是生姜田的主要杂草。

1. 人工除草

包括手工拔草和使用简单农具除草，可结合中耕培土对杂草进行防除。其缺点是耗力多、工效低，不能大面积及时防除，一般只作为其他除草措施的去除局部残存杂草的辅助手段。尤其生姜进入旺盛生长期以后，植株逐渐封垄，杂草发生量逐渐减少，应减少中耕次数和降低中耕深度，避免伤根或使根茎露出地面。

2. 物理除草

利用黑色除草地膜覆盖栽培生姜，可防除大部分杂草。

3. 化学除草

生姜化学除草可以在取得较好除草效果的基础上，节省大量田

间用工，从而降低了生产成本，目前生产实践中多采用化学除草。化学除草可分别在生姜播后芽前和杂草幼苗期内进行土壤处理和茎叶除草。适于生姜播后芽前施用的除草剂及其用法见表8-1。

表8-1　适于生姜播后芽前施用的除草剂及其用法

除草剂名称	用　量	用　法
33%二甲戊灵乳油	150～180mL/亩	兑水30kg，生姜播后苗前于田间均匀喷雾，砂土地用药量酌减
25%异丙甲草胺乳油	48～60mL/亩	兑水25kg，生姜播后苗前于田间均匀喷雾
40%新姜蒜草克（乙草胺、二甲戊灵、乙氧氟草醚三元复配制剂）乳油	120～150mL/亩	兑水25kg，生姜播后苗前于田间均匀喷雾
24%乙氧氟草醚乳油	48～60mL/亩	兑水25kg，于生姜播后苗前喷雾，喷后保持土表湿润，亦可在生姜生长期以乙氧氟草醚定向喷雾

另外，不同除草剂的作用效果存在差异。比如，33%二甲戊灵乳油主要防除一年生禾本科杂草、部分阔叶杂草和莎草，如稗草、马唐、狗尾草、千金子、牛筋草、马齿苋、苋、藜、苘麻、龙葵等。其对禾本科杂草的防除效果优于阔叶杂草，对多年生杂草的作用效果差。24%乙氧氟草醚连续应用4年后，阔叶杂草数量迅速下降，野燕麦数量上升明显。利用复配剂20%二甲戊·乙氧乳油总体防除杂草效果稳定。

【禁忌】　生姜田忌用丁草胺、乙草胺等除草剂，否则易发生药害。尤其播种时种姜已经长芽，播后遇上阴雨天气，发生药害更为明显，田间表现为植株茎秆矮、叶片短、叶色深绿、分枝迟。

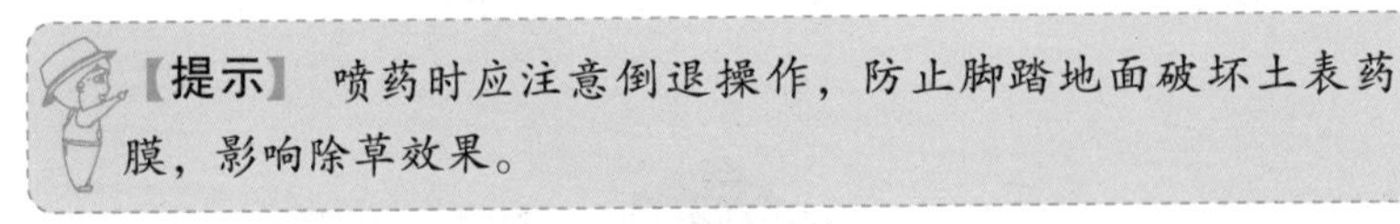

【提示】 喷药时应注意倒退操作，防止脚踏地面破坏土表药膜，影响除草效果。

对于前期未采取芽前化学除草或除草效果不好的姜田，可在田间杂草处于幼苗时及时施药，进行茎叶除草。一年生禾本科杂草，如马唐、稗草、狗尾草、牛筋草等，可选用以下除草剂防除：10.8%精喹禾灵乳油40～50mL/亩、10.8%高效氟吡甲禾灵乳油20～30mL/亩、12.5%烯禾啶机油乳剂40～50mL/亩，兑水15～20kg，喷洒杂草。防治一年生禾本科杂草时，可适当减少用药量。防治多年生禾本科杂草时，应适当增加用药量。注意药液喷洒要均匀。

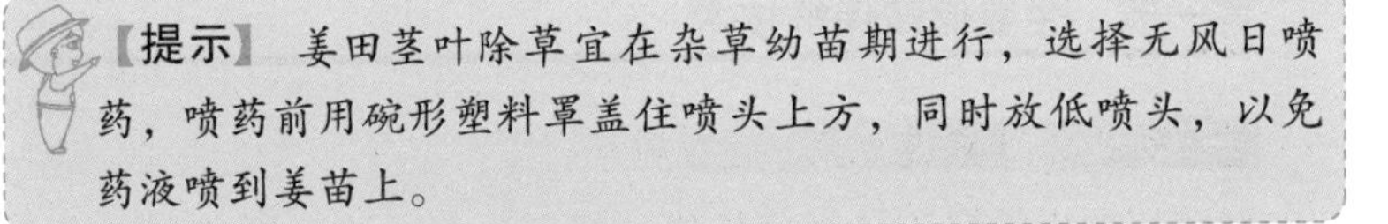

【提示】 姜田茎叶除草宜在杂草幼苗期进行，选择无风日喷药，喷药前用碗形塑料罩盖住喷头上方，同时放低喷头，以免药液喷到姜苗上。

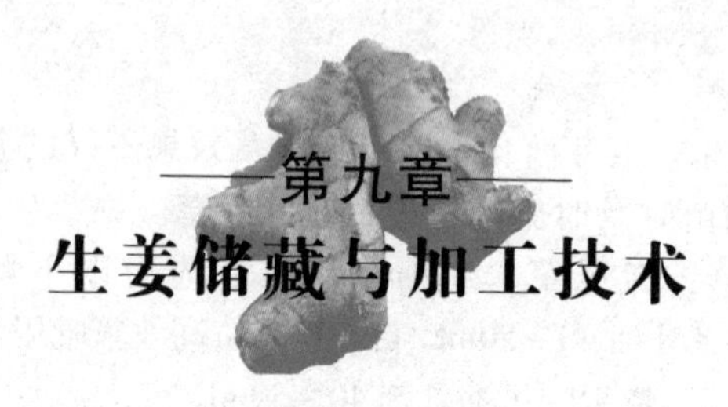

第九章 生姜储藏与加工技术

第一节 生姜储藏保鲜技术

一 生姜的储藏条件

储藏用的生姜应该是充分长成的根茎，北方地区通常在霜降前后、植株大部分茎叶开始枯黄、地下根茎已充分成熟时采收，要避免在地里受霜冻。收获生姜应选择晴天进行，一般在收获前 2～3 天浇 1 次水，使土壤充分湿润、疏松。收获时应尽量减少机械损伤，可用手将生姜整株拔出或用镢头整株刨出，注意不要铲断姜块，轻轻抖落根茎上的泥土，剪去地上部茎叶，保留 2cm 左右的地上残茎，摘去侧根和肉质根，无须晾晒即可储藏。储藏生姜要严格挑选大小整齐、质量好、无病害的健壮姜块，剔除受伤、干瘪、受冻、受雨淋和有病的姜块。

生姜性喜温暖湿润，不耐低温，10℃以下易受冷害，受冷害的姜块在温度回升时容易腐烂。生姜最适储藏温度为 16～20℃，温度过高则储藏期间容易发芽，使姜腐病等病害蔓延，腐烂严重。适宜储藏湿度为 90%～95%，空气相对湿度低于 90%，生姜易因失水而干枯萎缩。储藏过程发现腐烂生姜应迅速清除，并撒生石灰消毒。

二 生姜的储藏方法

由于南北各地区的地理位置、气候条件的不同，其储藏方法也有所差异，现介绍几种姜区生产中常用的储藏方式。

1. 井窖储藏法

井窖储藏法是山东莱芜姜区常采用的方法。由于莱芜姜区地下水位较低，土质黏，姜农们利用这一特点，采用井窖储藏取得了较好的效果。

(1) 井窖的建设 井窖一般由井筒及储姜洞组成，井筒的深度依地下水位高低而有所不同，北方一般为5~7m，南方为2~3m，以不出水为宜。修建井窖的方法是：先挖1个直径80cm的圆井口，随着往下挖，井筒直径逐渐扩大，至底部时直径达1~1.5m，整个井筒呈喇叭形，方便搬运生姜。在挖井筒时，需在井筒两侧挖坎，以便人员下井工作。井筒挖好后，在井底一侧再挖2个储姜洞，洞口的高度与宽度各80cm左右，洞口里面随挖随向两侧及上方扩大，储姜洞底部地势向里逐渐降低，使储姜洞高约2m，宽约2m，以便于操作。储姜洞的长度依储姜多少而定，一般为5~6m，这样一个储姜洞能储存生姜11500~13500kg。为防止储姜洞坍塌，井窖挖好后，还需要用砖石将储姜洞的侧壁砌好，顶部也用砖石砌成拱券状，井口最好也要用砖石修砌，井口要高出地面40~50cm，以防雨水流入窖内，如图9-1所示。

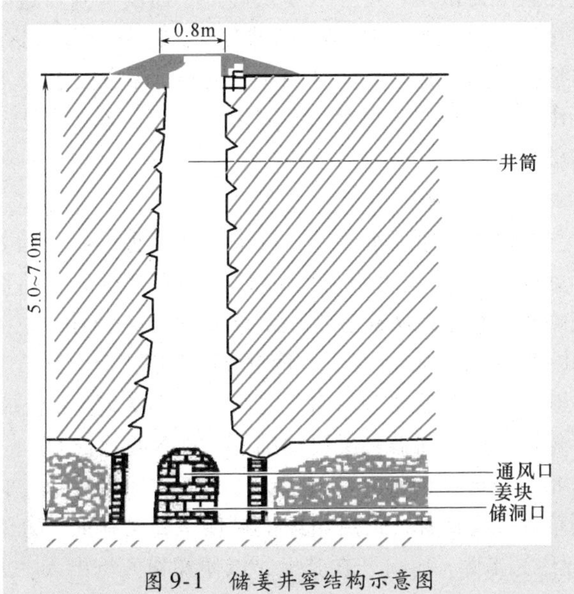

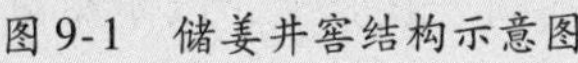
图9-1 储姜井窖结构示意图

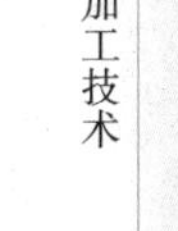

（2）入窖　在生姜入窖前，要提前几天打开窖口通风换气，降温排湿，以保证窖内有适宜的温度和充足的氧气以利于人活动。另外，为了防止生姜储存过程中出现病虫害，生姜入窖前要将窖洞进行彻底清理和消毒，具体方法是用农用链霉素和阿维菌素处理沙和姜窖的四壁，抑制病菌。每一个姜窖准备 $2m^3$ 的河沙，最好用新沙，沙子要用阿维菌素处理一遍，具体方法是用喷雾器往沙子上喷洒阿维菌素溶液，边喷洒边翻动。然后将带着潮湿泥土的姜块放入洞中。姜块可竖放，也可平放，由里及外排至洞口，排放高度以距洞顶30cm为宜。

（3）入窖后的管理　生姜入窖后暂不封口，只用席子或草苫对井口稍加覆盖。此时姜呼吸旺盛，释放出大量热能和二氧化碳，窖内严重缺氧，操作人员不可贸然下窖。储藏20～25天后，当二氧化碳浓度基本恢复正常时，操作人员便可下窖，用砖或土坯将储姜洞口封住，但应保留20～30cm见方的通气孔。封洞口的时间应适当掌握，这是姜储藏过程中的重要环节。若封口过早，姜呼吸释放的热量和二氧化碳不易散发，可导致姜块腐烂；而洞口封得过晚，则储姜洞会有冷空气侵入，姜块有受冻的危险。随外界气温逐渐下降，井口也应适时封闭，北方多在11月上旬封口，南方则于12月下旬进行封口。用大石板盖住井口后，四周用土封严，若天气寒冷，其上还可加盖柴草。

2. 长方形卧式窖储藏法

南方气候温暖，地下水位浅，可采用卧式窖储藏法储姜。选择背风向阳处挖深2m、宽1.2m，通常以储姜量多少而定的长方形池子，池底略斜，然后在两侧各挖一个渗水沟。储姜时，先在池子中间每隔50～80cm竖1根竹筒，竹筒顶节不打通，但在顶节下一侧打孔，这样既通气又不易灌入雨水。之后在池底从较高的一端开始竖排姜块，每排一层，加盖一层湿润细沙，直至距地面50cm左右处，最上层盖8～10cm厚的细沙。然后架上竹竿、木棍作檀，其上铺玉米秸、稻草等作物秸秆，最后用细土封顶至高出地面。窖的一端留60～80cm作为走廊，窖口开在其上，以便操作人员出入。天气寒冷时，用稻草将窖口及竹筒口堵严，如图9-2所示。

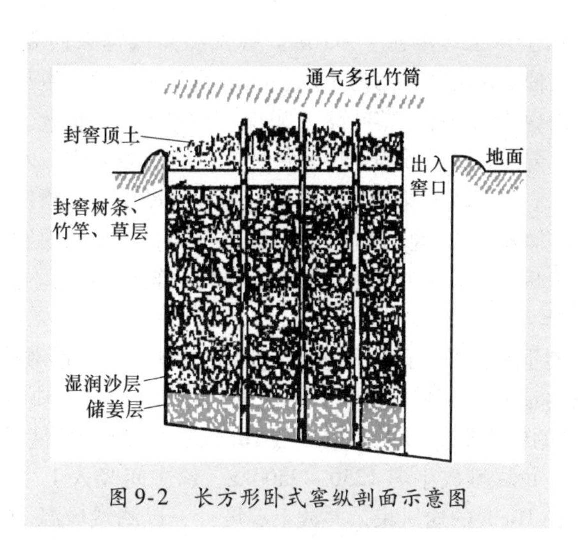

图 9-2　长方形卧式窖纵剖面示意图

3. 辐射储藏法

生姜采收后，用 1680～8400 拉德（rad）的 60Co γ 射线照射，可明显抑制生姜发芽，延长储藏保鲜期。

4. 坑埋储藏法

先挖深 1m、直径 2m 的储藏坑，上宽下窄、圆形或方形均可，以坑壁润爽、坑底无地下水为原则。坑中央立 1 把秸秆，以利于通风和测量温度。将经严格挑选的姜块摆放在坑内，表面覆盖一层姜叶，然后再覆盖一层土。以后随着气温下降，分次覆盖土，覆盖土总厚度最后应超过 60cm，以保持坑内适宜的储藏温度。坑顶用稻草或秸秆做成圆尖形，用以防雨，四周设排水沟，北面设风障防寒。

储藏中既需注意防热又要注意防寒。在入坑初期，根茎呼吸旺盛，温度容易升高，可适当留小口通风，后逐渐全部封闭坑口。入坑最初的 1 个月内是姜愈伤组织老化的过程，要求保持坑内适度高温，以 20℃以上为好，之后保持 15℃即可。冬季坑口必须封严实，严防冷害和坑口积水。

5. 浇水储藏法

姜块收获后，选水源好、略透阳光的房子或者临时搭建阴凉棚，室内地面铺上垫木，把经严格挑选的姜块整齐地装在有孔隙的筐内，

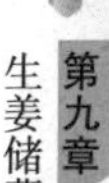

将筐堆放在垫木上，堆筐2~3层。看气温高低每天向姜筐浇凉水1~3次，宜使用温度较低的地下水。浇水期姜块发芽，生长茎叶，有时甚至会出现秧株葱绿，茎叶高达50cm，均属于正常情况。但若发现叶片黄萎，姜皮发红，此为姜块腐烂征兆，应及时处理。入冬时姜秧自然枯萎，应连筐转入储藏库，以保温防冻，可越冬储藏供应到春节以后。这种储藏方法可使姜块丰满，完整率高，但姜块因发芽导致香气和辛辣味减弱，可作为调味品食用，不宜用作药物原料。

6. 砂土层积储藏法

利用地下天然洞、防空洞或大仓库进行储藏，可储藏生姜1~2年。在洞内地面铺一层湿沙，1层沙1~2层姜，将姜块码放成1m宽、1m高的长方形，最上部盖一层10cm厚的湿沙，然后覆盖塑料薄膜保湿，每垛堆放生姜1250~2500kg。垛中间竖入1个用细竹竿捆成的直径10cm的通风束，并放上温度计，以测量垛温。垛的四周再用湿沙密封，封完垛后，掩好洞口或洞门，在洞顶留气孔，以便通气散热，同时注意地面切勿进水。为防止姜垛湿度过大，前半月可打开薄膜。

储存进入愈伤期1周后，温度上升到25~30℃；经6~7周后，垛内温度下降至15℃，说明姜已完成后熟，姜块变黄，并有香气和辛辣味。此时不怕风，可将门窗打开，天冷时再关上。立春后，如果相对湿度不足90%，可在垛顶表面洒水。如果有发芽现象，可采用通风调节；如果姜垛下陷，并有异味，应检查有无腐烂姜块。

7. 堆藏法

堆藏法是一种大批量简单储藏方法。选择储存的仓库，大小以能散装堆放姜块2000kg为宜。在11月上旬（立冬前），拣出病变、受伤、雨淋姜块，留下质量好的姜块散堆在储仓之中。墙四角不要留空隙，中间可略松些。姜堆高2m左右。堆内均匀地立入若干芦柴扎成的通风筒，以利通风。库温控制在18~20℃。当气温下降时，可以增加覆盖物保温；如果气温过高，可减少覆盖物以散热降温。

三 生姜储藏期常见病害防治

1. 瘟病

瘟病是生姜储藏中易发的重要病害，具有传染性，储藏期间一

旦条件适宜，就会逐渐传染蔓延。病姜姜块灰暗无光泽，切开有黑心，颜色越深，病情越重。有时虽未发现黑心现象，但也应加强管理和预防。预防方法：储藏前严格清除病姜。种姜要选择健壮，发芽力强，色泽纯正，无损伤，无病斑，品种特性典型的整块生姜作种。生姜采收后置于阳光下曝晒 1 ~ 2 天，以杀死病菌，晒干表皮。同时让生姜多蒸发掉一些水分，以防因水分过多入窖后发热腐烂。储藏期间，应随时检查，发现瘟病及时清理，以免传染。

2. 霉菌病

在姜的块茎受伤、环境又适宜的情况下容易发生霉菌病。其表现是在生姜表面出现一层黑斑块或烂皮，随着病情的发展，白霉菌和黑霉菌会逐渐向块茎内渗透。防治方法：搞好储藏窖的消毒。目前常用的消毒方法是烟熏或者在窖内撒施一定量的生石灰，这两种方法简单易行，效果都很好。

3. 冷害

生姜储藏中，如果控制温度不合理，冷空气突然进入储藏环境，会使生姜发生生理劣变而受冻，冷害是一种由低温引起的生理病害。受冷害后的生姜易出水，很快变质腐烂。防治方法：随时注意天气变化，加强防冻保暖措施。当最低气温下降到 8℃左右时，在姜窖上面覆盖稻草保温，开始时覆盖 5 ~ 7cm，以后随温度的下降逐渐加厚稻草，最后再覆土封严。

第二节 生姜加工技术

生姜不仅可以用来鲜食，而且可以用来加工。加工后不仅可以进一步提高其经济效益，而且还可以改进其品质和风味。因此，生姜加工技术越来越受到重视，其加工产品也越来越多。目前，我国许多生姜加工产品已远销海外，成为出口创汇产品。生姜加工种类很多，可分为腌渍、糖渍、酱制、干制、提炼姜油等。

一 腌渍加工

腌渍的原理是生姜细胞里的水分和可溶性物质在食盐的高渗透下会析出体外，而盐渗入到生姜细胞体内，使其变咸，有害微生物

活动受到抑制，因而可长期保存。

1. 腌姜

1）将预腌制新鲜生姜剪去根茎，切成数块，洗去泥沙，晾干姜块表面水分。

2）腌制时先在缸（池）底撒上1层食盐（约0.5kg），避免姜块直接接触缸（池）底。然后放1层生姜撒1层食盐，下层撒盐量可稍少，逐层增加撒盐量，最上层的盖面盐要多撒。撒盐要均匀，每块生姜都应沾上食盐。同时，要适当地洒些15%～18%的浓盐水，促使盐能迅速而均匀地渗入姜内。腌1～2天后，由于食盐被溶解，盐分渗入姜内，同时姜内的水分也被食盐析出，姜块的表面开始皱软，体积缩小，缸（池）内出现卤汁。这时应倒缸（池），将缸（池）中下层的姜块，翻到上面，上层的姜块翻到下面，再次加入15%～18%的浓盐水，使盐水液面没过姜面30～70mm，与空气隔绝，可有效地避免游离微生物的侵害，有利于长期储存。生姜初腌下缸（池）后，应在露天的晒场上曝晒，缩短其发酵成熟期，待姜块腌熟后，缸（池）中卤水变成浅黄色时，可将缸移入室内储存或盐渍池遮盖储存。按照以上方法腌制，1个月即可腌好。

2. 咸酸生姜

选择幼嫩、新鲜的姜块，洗净，尽量晾干，切成大小适当的块，按姜块100kg、香醋3.5kg、食盐10kg、花椒1kg、水适量的配方比例制成咸酸腌制液，将姜块倒入缸中，浸没腌制，并将缸置于阴凉的室内，适当翻动，腌制20天左右即可食用。

3. 腌姜芽

将预处理的姜芽放在36kg 20波美度（用波美度密度计测定）的盐水中腌制4～5天后取出，再放到20～21波美度盐水中浸泡5～6天，取出后放于缸内压紧，倒入21～22波美度的盐水，以浸没姜芽为宜。其上面加盐封缸腌制，加盐量为2%（即每100kg姜芽加盐2kg）。15天以后姜芽腌制即可成熟。如果要长期保存，可将姜芽取出放入澄清的22波美度盐卤水淹没封存。

4. 冰姜

选肥嫩鲜姜块，洗净后去皮，以每100kg生姜放12kg食盐的比

例放入缸内腌15h后取出，按3cm的间距下刀切至姜块2/3的深度，将姜块切成姜瓣。然后每100kg生姜瓣再拌盐22kg，腌制12天。每隔2~3天翻拌1次，使之充分腌制，取出晾至五六成干，再放回到原来盐水中腌制，除去杂污物之后再晾晒，如此重复3次，以姜瓣呈盐霜状即为成品。成品的特点是肉色霜白，脆嫩肥胖，咸辣适口，外形美观，似雪中花瓣，是一种形、色、味俱全的优质加工产品。

5. 豆腐姜

将生姜洗净去皮，切成薄片后晾干表层水分，然后腌制，每100kg姜片加盐16~18kg。腌制时应一层姜片一层盐，装缸密封。10天后取出曝晒至八成干时，用手揉搓姜片，使组织失水皱缩。此后再入缸腌渍2~3天，姜盐比例为100∶15。取出曝晒3~5天，边晒边揉至软豆腐状，即成豆腐姜。产品要求色泽鲜黄，组织柔软，芳香味浓。也可在第二次腌制后，再将姜片入缸，并放入经烘干发酵的豆腐，密封15~20天，会使姜片香味更浓。

6. 姜辣酱

先将生姜洗净、去皮、晾干、切片，在太阳下晒1~2天，使其达到九成干，再将全红老熟的鲜辣椒去柄洗净、沥干、切碎，磨成辣酱，然后按100kg姜片、35kg辣酱、2.5kg白酒、28kg食盐的比例装入瓷缸内。装缸时须按一层姜片、一层辣酱、一层盐的顺序重复进行，一直装至距缸口10~16cm处，再将白酒慢慢倒入缸中，最后密封缸口，25~30天后腌制完成，可开缸食用。

二 酱渍加工

利用制酱菜的酱或酱油处理经过盐渍的生姜半成品或鲜姜块（片），把姜块（片）浸渍在酱品中，吸收了酱中的营养及风味物质，使制品具有特殊的色泽和鲜美的风味。同时，酱品中的食盐也使制品具有一定的防腐作用。酱渍加工姜产品用途广泛，方法简单，操作容易，产品独具特色。

1. 酱渍生姜

（1）酱制姜片 将盐渍好的成品咸姜块切成长3.5~4cm、宽3~3.5cm的薄片。以每100kg姜片加水105~110kg，入缸浸泡2h左右脱盐。每半小时翻动1次，脱完盐后滤去水分。用酱油将姜片酱

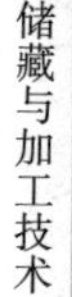

渍4～5天，每100kg生姜片用酱油60kg，取出淋卤3～4h，再将酱渍过的姜片放入缸内，按每100kg咸姜片加稀甜酱115～120kg，酱渍15天左右即为成品。成品酱姜片深褐色，有光泽，既具有酱菜风味，又具有生姜特殊的辣味，且脆嫩爽口，品质良好。

(2) 酱制姜块 以鲜生姜为原料的酱制方法：先将鲜姜洗净，脱皮，在阳光下晒到七八成干后放于味鲜色浓的酱油中浸渍10天左右，生姜块由原来的浅黄色变成酱色，即成为酱制姜块。采用咸生姜为原料的酱制方法：将咸生姜块放入清水中漂洗1～3h，适当脱去姜块内的食盐，再用酱油作套卤套去水分，放入酱内浸渍8～10天即成。酱制好的姜块酱色，脆嫩爽口，酱香浓郁，咸辣适中。

2. 酱姜芽

酱姜芽的原料是腌制好的成品咸姜芽。选鲜嫩的咸姜芽，切成厚约1cm的薄片，放入缸内用清水浸泡2.5～3h，每30min翻拌1次，使之均匀脱盐，然后捞出沥水4～5h。用酱油酱3～4天（每100kg姜芽用酱油60kg），以去除部分辣味。取出后淋卤3～4h，再将初酱的姜芽放入缸内，每100kg姜芽加稀甜酱115～120kg，酱制7～10天后取出，再按100kg姜芽加甜面酱20kg、白糖6kg、味精100g、糖精15g、苯甲酸钠100g拌匀，浸4～5天即成。

3. 酱佛手姜片

盐渍姜经选拣切分嫩姜芽后，留下质地稍老的中部，可选切成佛手形姜片。由于姜质稍老，切片时要求更薄而均匀，以有利于甜酱液的渗透，形成鲜甜滋味。将生姜切成长3.5～4cm、宽3～3.5cm的小块，而后沿较嫩部位，每块切成10～12条芽缝，深度达姜块厚度的1/2，再横切成薄姜片，切制要求大小、厚薄均匀一致。

酱制：脱盐方法与嫩芽相同。因为要求佛手姜片本身质地稍老，故成熟期应比嫩姜芽延长4～5天。产品稍有渣质，为薄片型。

三 糖醋渍加工

生姜糖渍加工的原理是：通过增加生姜制品的含糖量，相对减少其水分含量，使制品具有较高的渗透压，从而抑制有害微生物的生长繁殖，使其达到保藏之目的。糖渍的含糖量必须在60%以上，才有可靠的抑菌效果。食糖对生姜的保护作用，还表现在具有抗氧化功能上，这是因为氧气在高浓度糖液中，溶解度很小，糖液中氧含量低，可防止产品的氧化变质，从而提高保存效果，延长制品保存期。

1. 白糖姜片

选用鲜嫩肥壮、无霉斑、无腐烂的姜块，用清水漂洗干净。将清洗干净的生姜切成0.5cm厚的薄片，放入沸水中煮至半熟，使其呈透明状时取出。将煮制后的姜片迅速放入冷水中冷却，并捞出沥干水分。将沥干的姜片放入糖渍缸内，按每100kg姜片加入白糖35kg的比例，分层糖渍24h。将糖渍姜片及糖液一起倒入不锈钢锅内，加白糖30kg。煮沸浓缩至糖浆可拉成丝为止。捞出姜片后沥出糖浆，晾干。将煮制好的糖姜片放入木槽内拌白糖10kg，筛去多余的白糖，姜片上便附着1层白色糖衣，即成白糖姜片。

2. 红姜片

红姜片也叫煎姜片。其加工方法是：将生姜洗净去皮，切成0.5cm厚的薄片，在清水中漂洗5~7天，中间换水1~2次。然后捞出，晾干并进行糖煮。当煮至姜片鲜黄透亮时捞出冷却，一层姜片一层白糖放入缸内，并按100:(5~7)(姜盐比）的比例加盐，经30min左右，部分糖与盐溶化渗入姜片组织内时，进行低温处理，使姜片上凝结一层白砂糖，再按每100kg姜片用食用胭脂红3.5g染色拌匀，经25天左右即成。胭脂红用3.5kg开水溶解，配成0.1%溶液使用。

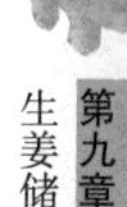

3. 糖醋酸姜

1）选料去皮。糖醋酸姜以广东制作的成品最为有名，全国各地也有生产。生产制作要点：选择完整、致密、粗壮、无疙瘩的鲜嫩生姜，切去姜芽、老根，用薄竹片刮去表皮，及时放入水中冲洗，捞出沥干。

2）第一次盐渍的用盐量为去皮生姜量的18%。把姜块放入木桶，厚约50cm，稍用力压实，撒上1层食盐，再码1层姜，按此顺序依次码至桶满。撒盐时底层少，逐层增多，上层最多，然后放上木块，上压重石。数小时后，盐将生姜内的水分浸出，盐水应浸没姜面。过20h后捞出姜块，放入竹筐内，用重石加压3h，压出姜内

部分水分。此时100kg去皮生姜可得姜坯50kg。

3）第二次盐渍的用盐量为去皮生姜量的12%。因第二次出水较少，无须排汁或加水，第二次加压沥干后，盐坯重量减轻8%～9%，如果暂不继续后续工序的加工，可将二道盐坯装入木桶，装至桶口15cm处，倒入食醋，没过姜面10cm（醋重量为二道盐坯重量的30%），压以适当重量的石头，便可作为半成品保存。

4）切片。先沿二道盐坯长度方向切一刀，然后与长度方向垂直切成一边厚一边薄的半圆片或碎圆片姜。

5）脱盐。将切好的姜片放入木桶，使小股清水从桶底部流入、桶口溢出，形成流动清水，清洗3～4h，捞出；在竹筐内稍加压，将姜片沥干8h，中间可翻动1次。

6）醋渍。把脱盐沥干的姜片放入木桶，加入相当于姜片重量50%的食醋，醋液没过姜面10cm，盖上竹盖，浸渍12h，捞出沥干醋液。

7）糖渍。将醋渍姜片倒入缸内，装至离缸口16cm处，加入相当于姜片重量10%的砂糖，上下翻动搅匀，抚平姜面，盖上缸盖，浸渍24h，捞出沥干糖液。

8）着色。把糖渍后的姜片放入缸内，每100kg姜片加入食用红色素100g翻动均匀，抚平姜面，倒入糖醋时的糖液，盖上缸盖再浸渍8～10天。

9）煮制。滤出糖液，将糖液倒入不锈钢锅煮沸，放入着好色的姜片，煮沸至姜片膨胀饱满为止。

10）灌装、封口。待煮制好的姜片稍冷，即装入罐头瓶。装量要求：固形物>65%。并灌入热糖液，加盖封口。

11）杀菌、冷却。玻璃瓶装500g，在80℃水中杀菌15～20min，瓶盖可采用真空安全钮；杀菌结束后，要分段冷却到38℃。若采用塑料薄膜袋250g包装，应在80℃水中杀菌12～15min，杀菌结束后，迅速置于冷水中冷却至38℃。

12）保温、检验及包装。将产品堆码在保温库内，温度控制在32℃左右，保温5天，检查看有无胖袋、漏袋或鼓袋、漏瓶等不合格产品，如果有即拣出。并按规定进行理化指标、卫生指标抽样检验，合格者贴标、装箱、打包成件，经验收入库即为成品。加工好的成品色泽鲜红，切开后内外色泽均匀一致；口味清脆爽口，味甜略带辣味；姜片丰满，表面糖液黏稠度大。

4. 糖醋姜片

【原料】 生姜100kg。

【辅料】 砂糖30kg，白醋20kg，食盐10kg，酱油10kg。

选择色泽鲜黄、肉质柔嫩、味道辛辣的子姜，去皮，清洗干净，沥干水分后切成薄片。在切好的姜片里撒入适量食盐，拌匀10~15h，去掉盐水，待用。按配方比例将辅料加热煮沸，冷却。在预腌好的生姜中加入冷却好的辅料，入坛压实后密封，腌制2天即可食用。

5. 五味姜

选鲜嫩生姜，洗净去皮，沥干水分，按100kg生姜加20~25kg盐入缸（池）盐渍10~15天，每5天翻动1次。到期选晴天捞出，晒至姜上有一层盐霜时，置木板上用木槌将生姜槌扁，100kg生姜中加糖精150g、柠檬酸200g、精盐5kg、甘草水15kg拌匀，入缸浸1~2天，每天翻动1次，至姜上出现盐霜时即成。

6. 糖醋嫩姜

【原料】 鲜嫩姜15kg。

【辅料】 白砂糖5kg，食醋10kg，酱油2.5kg，食盐1kg。

【制作方法】 选取皮色油黄，稍呈透明，肉厚肥大的新鲜嫩姜作为原料。将嫩姜放入清水中洗干净，刨去外皮，切成适当薄片。将姜片放入容器内，随后倒入冷却的糖醋液，上下搅拌均匀，并加盖浸渍5~6天即成。糖醋液制备：将锅洗净置于火上，先将糖、酱油、盐放入锅内煮沸，待糖和盐溶解后即放入醋。待锅内煮沸后迅速关火，将糖醋液冷却至常温。糖醋嫩姜色泽应为酱红色，姜片厚度均匀，入口鲜嫩清脆，酸甜适宜，呈薄片状。然后捞出晾晒，至姜装至距缸（池）口15~20cm时，加入适量白酒，然后密封。腌渍30天左右即可。

四 干制加工

生姜干制的原理是使姜体内水分减少到最低限度，原料中可

溶性物质的浓度相对提高，使微生物活动受抑。在干制加工中，生姜本身所含酶的活性或被抑制或被杀死，从而使干制品能够长期保存。

1. 普通干姜片

将生姜去皮洗净、晾干，切成0.5cm厚的姜片，每100kg鲜姜片加盐3～5kg，分层腌制3～5天，待食盐溶化渗透后，捞出晾干或用烘箱烘干即成。一般每100kg鲜姜可出成品15～20kg。姜片用无毒塑料袋密封保存，可保质2年左右。

2. 脱水姜片

取生姜洗净晾干，切成0.5cm厚的姜片，置沸水中烫漂5～6min，捞出后用干净冷水冷却，沥干，把姜片摊在烘盘上，称为摊筛。摊筛时要求四周稍厚，中间稍薄，前端稍厚，后端稍薄，这样才能达到干燥均匀的效果。将摊筛好的姜片置烘房内烘干，烘干时温度应由低到高，开始45～50℃，最后65～70℃，这样可以避免淀粉糖化变质发硬。烘烤5～7h，姜片呈不软不焦状态，含水量达11%～12%时，即可出房。挑出杂质、碎屑，将合格产品装入塑料袋中密封保存，保质期2年左右。

3. 普通姜粉

将生姜洗净去皮，切成1～2cm的方块，置烘房内烘干，再磨成粉即成。若在研磨时加入15%～18%的食盐，用容器密封，可长期保存。

4. 调料姜粉

将脱水姜片粉碎成粉末状后，加入1%的天然胡萝卜素、1%的谷氨酸钠和6%的白糖粉，拌匀后即成。产品可装入塑料袋密封而长久保存。

五 提炼姜油

从生姜中提炼出来的生姜油，芳香独特，具有通血驱毒、行气开窍等功效，不仅可用于调味、腌渍、提取香精等，还是现代食品、医药和轻化工业的新型用料，在国内外市场颇受欢迎。加工优质姜油的原料易得、成本低廉、效益显著，市场前景广阔。

其加工方法如下：

1. 选料及处理

将鲜姜洗净，用刀或刨切成4~5mm厚的姜片晒干。有条件的可用炭火烘焙。先用文火持续炉温60℃，慢慢升到80℃左右，要经常翻动，以防姜片焙熟烘焦。一般7kg鲜姜可晒焙出1kg姜片。姜片晒干后，即可送入粉碎机粉碎。粉碎机内宜用旧筛子，将姜片破碎成米粒状为佳（太细了蒸馏时不易透气，太粗又影响出油率），然后包装备用。

2. 设备安装及要求

1）安装蒸锅。先砌好一口地灶，上面放一口直径为1.2m左右的大铁锅。锅上安放一只活动木棚架，架上铺一层麻袋布作蒸垫，以防漏进锅内。锅上安装一只下大上小的大木桶，桶高2m，桶壁厚6cm，下部直径1.25m，上口直径0.9m，一次可装姜粉50kg。装料后在大桶上方再加一只小木桶，桶高0.7m，下部直径0.9m，上口直径0.5m。最后在小木桶上置一口内压小石块的铁锅，内盛冷水。

2）安装冷却桶。此桶可用木料或混凝土制作，将其设置于锅灶旁。为了散热，其形状为上大下小，桶高1.75m，桶内正中竖放一根打通接头的毛竹筒，用作进水冷却。

3）安装盘肠管。用白铁或锡制的盘肠管盘绕在冷却桶内竹筒上，共绕9圈半，全部浸于冷却水中。在小木桶处装上一条活动小竹筒，与盘肠管上端连接，盘肠管下端接分油器。

4）安装分油器。该器桶可大可小，但要用白铁皮等制成，以防锈蚀。由于油水密度不同，出油孔和出水孔的位置应按照一上一下的方式安装。

3. 提炼操作及注意事项

1）装料。整个大木桶内的姜粉要装得均匀且松紧一致，避免姜粉黏成团，以利通气，否则，松处气流畅通而出油快，紧处气滞而出油慢，而且不易出净，会影响出油率和延长出油时间。装料前，大锅要加足水，一般水位低于蒸垫4~5cm，第一次进水约150L。并在大桶底插入一根进水管，可随时加水，以免烧干。

2）防漏。在大小桶与铁锅的所有衔接处，均用烂硬泥涂抹，以防漏气，盘肠管若是焊接的，也必须锡焊无隙，以免姜油泄于冷却水中。

3）冷却。冷却水要常流不停，如果中断，则影响出油率。油水混合蒸气进入盘肠道后，其出口温度不应超过 30 ~ 35℃，否则会有油气从分油器出气孔跑出而影响出油率，所以要及时降温和用温水冷却。

4）火候。提炼时锅中水始终应保持沸腾状态，火势要旺，出油火力要大而急，添加煤炭宜少而勤。灶内火势要满，不应集中一边或一点。

按上述方法，每 100kg 鲜姜，可提炼优质姜油 3kg。

六 其他加工产品

1. 桂花姜片

【原料】 鲜嫩姜 100kg。

【辅料】 白砂糖 100kg，蜂蜜 20kg，桂花 8kg，凉开水 14kg。

新鲜生姜洗净去皮后，加盐腌渍 10 天左右，捞出晾干，切成薄片，放入缸中。将白砂糖加少量水在锅中熬至起白沫时，取蜂蜜与凉开水搅匀后冲入糖浆中，搅匀，并撒入鲜桂花，出锅冷却至室温。将糖浆倒入生姜片缸中，密封 15 天左右即成桂花姜片。

2. 豆豉生姜

【原料】 姜块 100kg。

【辅料】 豆豉 15kg，酱油 3kg，白酒 1kg，苯甲酸钠 100g。

应选择色泽鲜黄、肉质柔嫩、味道辛辣的子姜作为原料，洗净，按姜型大小切成 3 ~ 4 块。然后置于竹席上晒，使重量减为鲜重的 60% 左右。豆豉灭菌处理。如果采用蒸制方式，要求边缘上的蒸汽必须维持一定的时间；如果采用灭菌锅灭菌，要求 121℃，10min 即可。将晒好的姜片与灭菌的豆豉按一层姜一层豆豉的顺序装入坛内压实，腌制 10 ~ 15 天后取出，筛去豆豉。取出腌制好的姜片，按工艺配方比例加入酱油、白酒和苯甲酸钠等辅料，混合均匀。将配好料的姜坯入坛、压紧，密封腌制 20~30天，视其成熟度确定腌制时间。取出腌制好的生姜块，采用沸水袋真空包装后，放入煮开的水中杀菌 10min，冷却至常温即为成品。

3. 姜丝辣酱

姜丝辣酱的原料为姜丝、红辣椒、食盐、小麦、黄豆、糯米，其配比为 100:100:35:36:12:12。具体制作工艺如下。

1）制曲。先将小麦、黄豆分别去杂，洗净；小麦浸泡 12~14h，黄豆浸泡 4~5h，沥干水后分别用猛火蒸熟后摊晾，再分别放入曲房中摊 3cm 厚，自然发酵制曲，温度控制在 28~32℃。2~3天即长出菌丝，注意开窗通气，将曲房温度降低至 25~26℃，经 6~7 天小麦和黄豆便可充分发酵，待菌丝均匀分布即可。曲色以黄白或浅黄色为宜，白霉或黄霉的较差。将曲移至室外晒干粉碎待用。

2）姜椒处理。生姜洗净，去皮切成丝状日晒 2~3 天，去掉30%左右的水分。辣椒去柄洗净，切碎磨成酱状，加入洁净的食盐溶解液，日晒 6~7 天待用。

3）拌料及晒酱。先将面粉入盆内用食盐水混合，再拌入黄豆粉拌匀后日晒 3~5 天，而后按配方比例掺入蒸熟的糯米，继续曝晒呈褐色。晒酱最好提早在 7~8 月晴天进行，过迟常有阴雨天气，影响产品质量。

4）晒姜丝、辣酱。初酱晒好后，将辣椒酱、姜丝一起拌入，拌匀后继续曝晒，每天翻两次晒透晒熟，防止色泽变黑，而使风味变差。注意下雨时要及时封盖，防止雨水浸入后污染而变质。姜丝辣酱产品要求：暗红色，有光泽，出现黑色油质，气味芳香鲜美，辛辣味淡，姜脆嫩爽口，稍咸，略带有甜味。达到以上标准后，将其倒入缸内密封。可长期食用，且放置越久，香味越浓，品质越好。

第十章 生姜高效栽培实例

实例 1

山东省安丘市是我国著名的生姜生产出口基地，生姜种植面积已发展到近 20 万亩，年总产达 80 万吨，产值 30 多亿元，其中 5 万亩大姜基地通过有机食品认证和绿色食品认证，“安丘大姜”被认定为国家地理标志保护产品，生姜的高端产品生产优势较强。王 × 是安丘市 × 村人，他家一般每年种植 15 亩生姜，抛却不确定年份，如发生贸易摩擦造成出口不畅等，一般年收入近 20 万元。他的生姜生产经验主要如下。

（1）努力争取公司订单生产 自我国加入 WTO 后，国外对我国农产品出口的限制减少，但贸易技术壁垒成为主要的制约因素。因此，只有争取到出口配额的公司订单后组织生产方可万无一失，确保收成。

（2）确保生姜无公害标准化生产 姜农最好在订单公司组织下统一姜种、统一肥料、统一农药、统一种植、统一管理，并实行产品信息可追溯制度，提高生姜生产的信息化水平，只有这样才能从根本上解决生姜产品质量问题，从而可以避免因贸易摩擦或产品质量问题造成的损失。

（3）重视有机生姜等高端产品生产 安丘生姜种植历史悠久，管理经验丰富，选择适宜地块，发展有机生姜生产条件较好。关于有机生姜生产，王 × 的经验是积极挂靠龙头企业，实行基地化管理。他自家的 3 亩有机生姜作为农业企业基地的一部分，一方面有机生姜生产宜规模化，一家一户小面积不可能生产有机产品，另一方面，农业企业把农民纳入自己基地的一部分统一管理，降低了生产管护成本，也有利于有机基地规模扩大和管理，达到了双赢效果。现在，王×的3亩有机生姜尽管产量不如普通生姜，但由于管理、销售均不发愁，收入也是普通生姜的好几倍。

（4）结合“四招”土经验 一是采用生姜、西瓜等套作栽培模式，有效提高了单位土地的产出效益。二是发展塑料大棚等保护地栽培，鲜姜提前上市。通过近10年的生产摸索，他发现市场上鲜嫩姜的销售价格要比老姜的高出1倍以上，于是他从2008年起租地建了4个大棚，每个大棚种姜2亩以上。10亩大棚姜由于种得早，收获也早，全部出售鲜嫩姜，尽管每亩产量只有3000kg左右，但每年8月初即可上市，9月销售完毕，由于上市早，价格要比老姜高出1倍以上，再加上一茬西瓜收入相当可观。三是用泥土灰种植生姜，生态、高产又高效。每年夏秋之交，王×总要把田头地角的柴草割个精光。他说，这样有两大好处，一是可以除鼠，让老鼠没处筑窝，无处藏身；二是可以利用这些柴草烧泥土灰。无论种什么庄稼，泥土灰都是最好的肥料，既生态，又不会伤苗，还可提高产量。他种的15亩大棚生姜全部用泥土灰，总产量达到75吨以上，产量比单用化肥高得多。四是“人抛生姜，我储姜种”。2009年王×种姜8亩，正值生姜收获季节，收购价为每千克8元，价格不错，当其他姜农抛售生姜时，他却建起两个温室储藏姜种，留下4亩生姜一斤也不卖。2010年春天，大批生姜经销商四处收购姜种时，王×的姜种开始上市，售价达到每千克14元，成了抢手货。与卖老姜相比，多赚了5万多元。老王说，他种姜、卖姜都打时间差，出售嫩姜时独家卖价格高，1kg嫩姜抵2kg老姜；窖储姜种仅仅多了温室储藏这个中间环节，多储藏半年，收益可提高将近1倍。

实例 2

安徽铜陵市以生产铜陵白姜而闻名。铜陵白姜属“铜陵八宝”之一，以“块大皮薄、汁多渣少、肉质脆嫩、香味纯正”而著称，在当地已有2000多年的栽培历史，现已成为国家地理标志保护产

品。铜陵白姜叶青翠，茎红紫，质鹅黄，形为佛手，厚为肉掌，纤维含量少，适于做加工产品。鲍×是大通镇×村人，主要从事白姜的生产和加工。当地生姜尽管亩产相对较低，只有1250～1500kg，但由于姜品质好，品牌优势强，单价甚至可高达20元/kg，姜农收入颇丰。他家通过土地流转年种植生姜5亩，业余主要收购当地生姜进行冰姜的加工和销售，年均收入20万元。他总结了当地的生姜生产经验如下。

1. 独特的传统种植方式和土壤、气候条件造就了铜陵生姜的优良品质

当地生姜栽培的主要技术特点有：一是姜阁保种、催芽。姜阁集保种、催芽于一室，人工加温，保种安全，催芽效果好。二是深翻高垄栽培。不同于一般姜区平畦栽培方法，当地姜田在冬至前用特制的姜锄深翻40～50cm，播种前做成30～35cm的高垄，垄壁踩实，姜农称之为“踩姜垄”。生姜高垄栽培可有效克服夏季南方生姜产区雨后积水，土壤透气不良等弊端，创造了适宜根茎生长的土壤环境，为丰产打下了基础。三是空中搭棚遮阴。搭棚遮阴是铜陵白姜软化栽培方法，可有效防止夏季强光和高温对生姜发育造成的不利影响。传统的栽培模式加上铜陵土壤养分和气候环境适于生姜生产，因此种植出来的生姜与众不同，深受加工企业欢迎。

2. 现代栽培技术促进铜陵生姜增产增效

悠久的生产历史和独特的品质打造了铜陵生姜的品牌，但生产存在的主要问题是种植面积少，产量远低于部分生姜优势产区，高端深加工产品开发不足等。为此，必须采取现代栽培技术促生产发展。主要的技术措施如下。

1）施肥技术。重施有机肥，针对生姜田施用有机肥是改良土壤、改善产品品质的重要措施，在生产上应予以高度重视。巧施硒肥以生产功能保健生姜。重视施用生物菌肥、油菜或玉米等秸秆还田等，促进生姜田生态健康。

2）采取综合措施克服生姜连作障碍，尤其应重视对姜瘟病的预防。

3）积极发展生姜的机械化生产模式，以降低劳动力成本。

3. 重视不同市场开发和市场体系培育

主要的措施有：建设辐射力强的南方生姜交易市场平台或生姜产品集散地。围绕产前、产中、产后服务构建完善的生姜产业化体系，加强生姜生产、销售和管理的信息化水品。针对不同市场需求积极开发和培育有机生姜、生姜深加工产品市场，以需求促生产。

实例3

山东省莱芜市是我国生姜的传统产地之一，本地产的生姜是山东省著名特产。莱芜生姜常年播种面积10多万亩，占山东省生姜播种面积的30%以上，年出口生姜40多万吨，占全国生姜出口总量的30.8%，生姜生产和加工已成为当地的农业支柱产业。薛×是莱芜市×村人，他家每年种植10亩生姜，另外成立了生姜生产和加工专业合作社，入社社员100多人，每年的生姜生产和加工收入20多万元。他的生姜生产经验主要如下。

（1）重视生姜品牌培育，确保产品质量 莱芜土壤微酸、富含钾，有机质丰富而通透性极好，种植大姜品质较好。薛×充分利用本土条件优势，注册了×生姜生产和加工专业合作社，努力统一生姜种苗、农资和管理，他们合作社生产的生姜产量和品质均得到了收购或加工企业的认可，基本可实现订单生产，很少出现价格波动大、收入不稳定的现象。

（2）打通网络销售渠道，确保增产增收 薛×年纪较轻，思想活跃，他利用自己的网络知识，构建了一定规模的生姜网络销售平台，可面向全国销售生姜和初加工产品。自己也成了一些生姜收购客商的代理，不仅为当地姜农销售了产品，自己也从中获得了很大的收益。

（3）注重新产品、新技术的引进和应用 针对生姜新品种改良、新农资产品应用等，薛×总能先发现、先引进，然后在自己地里进行小面积试用，一旦自己感觉确实能够增产增效则将其引进，推介给本合作社社员，不仅自己受益，而且带动了其他生姜种植户致富，受到了邻里乡亲的一致好评。

通过上述典型实例的介绍，希望其他生姜产区姜农从中受到启发，以提高当地生姜的生产效益。

附　录

附录 A　蔬菜生产常用农药通用名及商品名称对照表

通用名		商品名	用途
杀虫剂类	阿维菌素	爱福丁、阿维虫清、虫螨光、齐螨素、虫螨克、灭虫灵、螨虫素、虫螨齐克、虫克星、灭虫清、害极灭、7051 杀虫素、阿弗菌素、阿维兰素、爱螨力克、阿巴丁、灭虫丁、赛福丁、杀虫丁、阿巴菌素、齐墩螨素、剂墩霉素	广谱杀虫剂，防治棉铃虫、斑潜蝇、十字花科蔬菜害虫、螨类
	氯氟氰菊酯	功夫、三氟氯氰菊酯、PP321 等	防治棉铃虫、棉蚜、小菜蛾
	甲氰菊酯	灭扫利、杀螨菊酯、灭虫螨、芬普宁等	虫螨兼治，用于棉花、蔬菜、果树的害虫
	联苯菊酯	天王星、虫螨灵、三氟氯甲菊酯、氟氯菊酯、毕芬宁	防治蔬菜粉虱
	丁硫克百威	好年冬、丁硫威、丁呋丹、克百丁威、好安威、丁基加保扶	用于防治棉蚜、红蜘蛛、蓟马
	吡虫啉	蚜虱净、一遍净、大功臣、咪蚜胺、艾美乐、一扫净、灭虫净、扑虱蚜、灭虫精、比丹、高巧、盖达胺、康福多	主要用于防治刺吸式口器害虫，如蚜虫、飞虱、粉虱、叶蝉、蓟马

（续）

通用名		商品名	用途
杀虫剂类	噻螨酮	尼索朗、除螨威、合赛多、已噻唑	对同翅目的飞虱、叶蝉、粉虱及介壳虫等害虫有良好的防治效果，对某些鞘翅目害虫和害螨也具有持久的杀幼虫活性
	噻嗪酮	扑虱灵、优乐得、灭幼酮、亚乐得、布芬净、稻虱灵、稻虱净	为对鞘翅目、部分同翅目以及蜱螨目具有持效性杀幼虫活性的杀虫剂。可有效地防治马铃薯上的大叶蝉科；蔬菜上的粉虱科
	哒螨灵	哒螨酮、扫螨净、速螨酮、哒螨净、螨必死、螨净、灭螨灵	可用于防治多种植物性害螨。对螨的整个生长期即卵、幼螨、若螨和成螨都有很好的防治效果
	双甲脒	螨克、果螨杀、杀伐螨、三亚螨、胺三氮螨、双虫脒、双二甲脒	适用于各类作物的害螨。对同翅目害虫也有较好的防效
	倍硫磷	芬杀松、番硫磷、百治屠、拜太斯、倍太克斯	防治菜青虫、菜蚜
	稻丰散	爱乐散、益尔散等	防治蚜虫、菜青虫、蓟马、小菜蛾、斜纹夜蛾、叶蝉
	二嗪磷	二蓁农、地亚农、大利松、大亚仙农等	用于控制大范围作物上的刺吸式口器害虫和食叶害虫
	乙酰甲胺磷	杀虫磷、杀虫灵、益土磷、高灭磷、酰胺磷、欧杀松	适用于蔬菜、茶叶、烟草、果树、棉花、水稻、小麦、油菜等作物，防止多种咀嚼式、刺吸式口器害虫和害螨

（续）

通用名		商品名	用途
杀虫剂类	杀螟硫磷	速灭虫、杀螟松、苏米松、扑灭松、速灭松、杀虫松、诺发松、苏米硫磷、杀螟磷、富拉硫磷、灭蛀磷等	广谱杀虫，对鳞翅目幼虫有特效，也可防治半翅目、鞘翅目等害虫
	虫螨腈	除尽、溴虫腈等	防治对象：小菜蛾、菜青虫、甜菜夜蛾、斜纹夜蛾、菜螟、菜蚜、斑潜蝇、蓟马等多种蔬菜害虫
	苏云金杆菌	苏力菌、灭蛾灵、先得力、先得利、先力、杀虫菌 1 号、敌宝、力宝、康多惠、快来顺、包杀敌、菌杀敌、都来施、苏得利	可用于防治直翅目、鞘翅目、双翅目、膜翅目，特别是鳞翅目的多种害虫
	除虫脲	灭幼脲 1 号、伏虫脲、二福隆、斯代克、斯盖特、敌灭灵等	主要用于防治鳞翅目害虫，如菜青虫、小菜蛾、甜菜夜蛾、斜纹夜蛾、金纹细蛾、黏虫、茶尺蠖、棉铃虫、美国白蛾、松毛虫、卷叶蛾、卷叶螟等
	灭幼脲	苏脲 1 号、灭幼脲 3 号、一氯苯隆等	防治桃树潜叶蛾、茶黑毒蛾、茶尺蠖、菜青虫、甘蓝夜蛾、小麦黏虫、玉米螟及毒蛾类、夜蛾类等鳞翅目害虫
	氟啶脲	抑太保、定虫隆、定虫脲、克福隆、IKI7899 等	防治十字花科蔬菜的小菜蛾、甜菜夜蛾、菜青虫、银纹夜蛾、斜纹夜蛾、烟青虫等，茄果类及瓜果类蔬菜的棉铃虫、甜菜夜蛾、烟青虫、斜纹夜蛾等，豆类蔬菜的豆荚螟、豆野螟

（续）

通用名		商品名	用途
杀虫剂类	抑食肼	虫死净	对鳞翅目、鞘翅目、双翅目等害虫，具有良好的防治效果
	多杀霉素	菜喜、催杀、多杀菌素、刺糖菌素	防治蔬菜小菜蛾、甜菜夜蛾、蓟马
	S-氰戊菊酯	来福灵、强福灵、强力农、双爱士、顺式氰戊菊酯、高效氰戊菊酯、高氰戊菊酯、霹杀高	防治菜青虫、小菜蛾，于幼虫3龄期前施药。豆野螟于豇豆、菜豆开花盛期、卵孵盛期施药
	氯氰菊酯	安绿宝、赛灭灵、赛灭丁、桑米灵、博杀特、绿氰全、灭百可、兴棉宝、阿锐可、韩乐宝、克虫威等	防治菜蚜、蓟马、棉铃虫、菜青虫
	顺式氯氰菊酯	高效灭百可、高效安绿宝、高效氯氰菊酯、甲体氯氰菊酯、百事达、快杀敌等	防治菜蚜、菜青虫、小菜蛾幼虫、豆卷叶螟幼虫
	氟氯氰菊酯	百树得、百树菊酯、百治菊酯、氟氯氰醚酯、杀飞克	防治棉铃虫、烟芽夜蛾、苜蓿叶象甲、菜粉蝶、尺蠖、苹果蠹蛾、菜青虫、美洲黏虫、马铃薯甲虫、蚜虫、玉米螟、地老虎等害虫
	氯菊酯	二氯苯醚菊酯、苄氯菊酯、除虫精、克死命、百灭宁、百灭灵等	可用于蔬菜、果树等作物防治菜青虫、蚜虫、棉铃虫、棉红铃虫、棉蚜、绿盲蝽、黄条跳甲、桃小食心虫、柑橘潜叶蛾、二十八星瓢虫、茶尺蠖、茶毛虫、茶细蛾等多种害虫

(续)

通用名		商品名	用途
杀虫剂类	溴氰菊酯	敌杀死、凯素灵、凯安保、第灭宁、敌卞菊酯、氰苯菊酯、克敌	防治各种蚜虫、棉铃虫、棉红铃虫、菜青虫、小菜蛾、斜纹夜蛾、甜菜夜蛾、黄守瓜、黄条跳甲
	戊菊酯	多虫畏、杀虫菊酯、中西除虫菊酯、中西菊酯、戊酸醚酯、戊醚菊酯、S-5439	防治蔬菜害螨、线虫
	敌百虫	三氯松、毒霸、必歼、虫决杀	可诱杀蝼蛄、地老虎幼虫、尺蠖、天蛾、卷叶蛾、粉虱、叶蜂、草地螟、潜叶蝇、毒蛾、刺蛾、灯蛾、黏虫、桑毛虫、凤蝶、天牛、蛴螬、夜蛾、白囊袋蛾
	抗蚜威	辟蚜雾、灭定威、比加普、麦丰得、蚜宁、望俘蚜	适用于防治蔬菜、烟草、粮食作物上的蚜虫
	灭多威	万灵、快灵、灭虫快、灭多虫、乙肟威、纳乃得	防治蚜虫、蛾、地老虎等害虫
	啶虫脒	吡虫清、乙虫脒、莫比朗、鼎克、NI-25、毕达、乐百农、绿园	防治棉蚜、菜蚜、桃小食心虫等
	异丙威	灭必虱、灭扑威、异灭威、速灭威、灭扑散、叶蝉散、MIPC	对稻飞虱、叶蝉科害虫具有特效，可兼治蓟马和蚂蟥
	丙溴磷	菜乐康、布飞松、多虫磷、溴氯磷、克捕灵、克捕赛、库龙、速灭抗	防治蔬菜、果树等作物上的害虫，对棉铃虫、苹果黄蚜等害虫均有很高的防治效果
	哒嗪硫磷	杀虫净、必芬松、哒净松、打杀磷、苯哒磷、哒净硫磷、苯哒嗪硫磷	可防治螟虫、纵卷叶螟、稻苞虫、飞虱、叶蝉、蓟马、稻瘿蚊等，对棉叶螨有特效

（续）

通用名		商品名	用途
杀虫剂类	毒死蜱	乐斯本、杀死虫、泰乐凯、陶斯松、蓝珠、氯蜱硫磷、氯吡硫磷、氯吡磷	适用于果树、蔬菜、茶树上多种咀嚼式和刺吸式口器害虫
	硫丹	硕丹、赛丹、韩丹、安杀丹、安杀番、安都杀芬	广谱杀虫杀螨，对果树、蔬菜、茶树、棉花、大豆、花生等多种作物害虫害螨有良好防效
杀菌剂类	百菌清	达科宁、打克尼太、大克灵、四氯异苯腈、克劳优、霉必清、桑瓦特、顺天星1号	防治果树、蔬菜上锈病、炭疽病、白粉病、霜霉病等
	多菌灵	苯并咪唑44号、棉萎灵、贝芬替、枯萎立克、菌立安	防治十字花科蔬菜菌核病、十字花科蔬菜白斑病，还有大白菜炭疽病、萝卜炭疽病，白菜类灰霉病、青花菜叶霉病、油菜褐腐病、白菜类霜霉病、芥菜类霜霉病、萝卜霜霉病、甘蓝类霜霉病等
	代森锰锌	新万生、大生、大生富、喷克、大丰、山德生、速克净、百乐、锌锰乃浦	防治蔬菜霜霉病、炭疽病、褐斑病、西红柿早疫病和马铃薯晚疫病
	霜脲·锰锌	克露、克抗灵、锌锰克绝	防治霜霉病、疫病，番茄晚疫病、绵疫病，茄子绵疫病，十字花科白锈病，可兼治蔬菜炭疽病、早疫病、斑枯病、黑斑病、番茄叶霉病等
	噁霜·锰锌	杀毒矾、噁霜锰锌	对蔬菜上的炭疽病、早疫病等多种病害有效；对黄瓜、葡萄、白菜等作物的霜霉病有特效

（续）

通 用 名		商 品 名	用 途
杀菌剂类	甲霜灵	甲霜安、瑞毒霉、瑞毒霜、灭达乐、阿普隆、雷多米尔	用于防治蔬菜作物的霜霉病，瓜果蔬菜类的疫霉病
	霜霉威盐酸盐	普力克、霜霉威、丙酰胺	防治青花菜花球黑心病、白菜类霜霉病、甘蓝类霜霉病、芥菜类霜霉病、萝卜霜霉病、紫甘蓝霜霉病、青花菜霜霉病
	三乙膦酸铝	乙膦铝、三乙膦酸铝、疫霜灵、霜疫灵、霜霉灵、克霜灵、霉菌灵、霜疫净、膦酸乙酯铝、藻菌磷、三乙基膦酸铝、霜霉净、疫霉净、克菌灵	防治蔬菜作物霜霉病、疫病，菠萝心腐病，柑橘根腐病、茎溃病，草莓茎腐病、红髓病
	琥·乙膦铝	百菌通、琥乙膦铝、羧酸磷铜、DTM、DTNZ	防治甘蓝黑腐病、甘蓝细菌性黑斑病、大白菜软腐病，白菜类霜霉病、（萝卜链格孢）黑斑病、假黑斑病
	三唑酮	粉锈宁、百理通、百菌酮、百里通	对锈病、白粉病和黑穗病有特效
	腐霉利	速克灵、扑灭宁、二甲菌核利、杀霉利	适用于果树、蔬菜、花卉等的菌核病、灰霉病、黑星病、褐腐病、大斑病的防治
	异菌脲	扑海因、桑迪恩、依普同、异菌咪	防治多种果树、蔬菜、瓜果类等作物早期落叶病、灰霉病、早疫病等病害
	乙烯菌核利	农利灵、烯菌酮、免克宁	对果树、蔬菜上的灰霉、褐斑、菌核病有良好防效

（续）

通用名		商品名	用途
杀菌剂类	氢氧化铜	丰护安、根灵、可杀得、克杀得、冠菌铜	防治蔬菜作物的细菌性条斑病、黑斑病、霜霉病、白粉病、黑腐病，早疫病、晚疫病、叶斑病、褐斑病，菜豆细菌性疫病，葱类紫斑病，辣椒细菌性斑点病等
	丁戊已二元酸铜	琥珀肥酸铜、琥胶肥酸铜、琥珀酸铜、二元酸铜、角斑灵、滴涕、DT、DT杀菌剂	防治蔬菜作物软腐病
	络氨铜	硫酸甲氨络合铜、胶氨铜、消病灵、瑞枯霉、增效抗枯霉	防治茄子、甜（辣）椒炭疽病，立枯病，西瓜、黄瓜、菜豆枯萎病，黄瓜霜霉病，西红柿早疫病、晚疫病，茄子黄叶病
	络氨铜·锌	抗枯宁、抗枯灵	用于防治蔬菜作物枯萎病
	抗霉菌素120	抗霉菌素、TF-120、农抗120	大白菜黑斑病、萝卜炭疽病、白菜白粉病
	多抗霉素	多氧霉素、多效霉素、保利霉素、科生霉素、宝丽安、兴农606、灭腐灵、多克菌	防治黄瓜霜霉病、白粉病，人参黑斑病，苹果梨灰斑病及水稻纹枯病等
	春雷霉素	加收米、春日霉素、嘉赐霉素	防治黄瓜炭疽病、细菌性角斑病，西红柿叶霉病、灰霉病，甘蓝黑腐病，黄瓜枯萎病
	盐酸吗啉胍·铜	病毒A、病毒净、毒克星、毒克清	对蔬菜（番茄、青椒、黄瓜、甘蓝、大白菜等）的病毒病具有良好预防和治疗作用

（续）

通用名		商品名	用途
杀菌剂类	菌毒清	菌必清、菌必净、灭净灵、环中菌毒清	防治番茄、辣椒病毒病，西瓜枯萎病
	代森胺	阿巴姆、铵乃浦	防治白菜白粉病、白斑病、黑斑病、软腐病，甘蓝黑腐病，白菜类黑腐病，根肿病，青花菜黑腐病，紫甘蓝黑腐病
	敌磺钠	敌克松、地可松、地爽	防治蔬菜苗期立枯病，猝倒病，白菜、黄瓜霜霉病，西红柿、茄子炭疽病
	甲基立枯磷	利克菌、立枯磷	用于防治蔬菜立枯病、枯萎病、菌核病、根腐病，十字花科黑根病、褐腐病
	乙霉威	万霉灵、抑菌灵、保灭灵、抑菌威	防治黄瓜、番茄灰霉病，甜菜褐斑病
	硫菌·霉威	抗霉威、甲霉灵、抗霉灵	防治蔬菜作物霜霉病、猝倒病、疫病、晚疫病、黑胫病等病害
	多·霉威	多霉灵、多霜清、多霉威	防治番茄早疫病和菌核病、黄瓜菌核病、豇豆菌核病、苦瓜灰斑病、菠菜叶斑病、蔬菜作物灰霉病等
	噁醚唑	世高、敌萎丹	防治蔬菜作物黑星病、白粉病、叶斑病、锈病、炭疽病等
	溴菌腈	休菌清、炭特灵、细菌必克	防治炭疽病、黑星病、疮痂病、白粉病、锈病、立枯病、猝倒病、根茎腐病、溃疡病、青枯病、角斑病等

（续）

通用名		商品名	用途
杀菌剂类	氟哇唑	福星、农星、杜邦新星、克菌星	防治苹果黑星病、白粉病，谷类眼点病，小麦叶锈病和条锈病
除草剂类	甲草胺	灭草胺、拉索、拉草、杂草锁、草不绿、澳特拉索	芽前除草剂，主要杀死出苗前土壤中萌发的杂草，对已出土杂草无效
	乙草胺	禾耐斯、消草胺、刈草安、乙基乙草安	芽前除草剂，防治一年生禾本科杂草和部分小粒种子的阔叶杂草
	仲丁灵	双丁乐灵、地乐胺、丁乐灵、止芽素、比达宁、硝基苯胺灵	防除稗草、牛筋草、马唐、狗尾草等一年生单子叶杂草及部分双子叶杂草
	氟乐灵	茄科灵、特氟力、氟利克、特福力、氟特力	属芽前除草剂，用于防除一年生禾本科杂草及部分双子叶杂草
	二甲戊灵	施田补、除草通、杀草通、除芽通、胺硝草、硝苯胺灵、二甲戊乐灵	防除一年生禾本科杂草、部分阔叶杂草和莎草
	扑草净	扑灭通、扑蔓尽、割草佳	防除一年生禾本科杂草及阔叶草
	嗪草酮	赛克、立克除、赛克津、赛克嗪、特丁嗪、甲草嗪、草除净、灭必净	对一年生阔叶杂草和部分禾本科杂草有良好防除效果，对多年生杂草无效
	草甘膦	农达、镇草宁、草克灵、奔达、春多多、甘氨磷、嘉磷塞、可灵达、农民乐、时拨克	无残留灭生性除草剂，对一年生及多年生杂草都有效

（续）

通用名		商品名	用途
除草剂类	禾草丹	杀草丹、灭草丹、草达灭、除草莠、杀丹、稻草完	适用于水稻、麦类、大豆、花生、玉米、蔬菜田及果园等防除稗草、牛毛草、异型莎草、千金子、马唐、蟋蟀草、狗尾草、碎米莎草、马齿草、看麦娘等
	喹禾灵	禾草克、盖草灵、快伏草	防除看麦娘、野燕麦、雀麦、狗牙根、野茅、马唐、稗草、蟋蟀草、匍匐冰草、早熟禾、法氏狗尾草、金狗尾草等多种一年生及多年生禾本科杂草，对阔叶草无效
	稀禾定	拿捕净、乙草丁、硫乙草灭	防除双子叶作物田中稗草、野燕麦、狗尾草、马唐、牛筋草、看麦娘、白茅、狗芽根、早熟禾等单子叶杂草
植物生长调节剂类	萘乙酸	A-萘乙酸、NAA	促进生根，防止落花落果
	2，4-滴	2，4-D、2，4-二氯苯氧乙酸	防止落花落果
	赤霉素	赤霉酸、奇宝、九二〇、GA_3	提高无籽葡萄产量，打破马铃薯休眠，促进作物生长、发芽、开花结果；能刺激果实生长，提高结实率
	乙烯利	乙烯灵、乙烯磷、一试灵、益收生长素、玉米健壮素、2-氯乙基膦酸、CEPA、艾斯勒尔	促进果实成熟、雌花发育
	丁酰肼	比久、调节剂九九五、二甲基琥珀酰肼、B9、B-995	抑制新枝徒长，缩短节间，增加叶片厚度及叶绿素含量，防止落花，促进坐果，诱导不定根形成，刺激根系生长，提高抗寒力

（续）

通用名		商品名	用途
植物生长调节剂类	矮壮素	三西、西西西、CCC、稻麦立、氯化氯代胆碱	促使植株变矮，杆茎变粗，叶色变绿，可使作物耐旱耐涝，防止作物徒长倒伏，抗盐碱，又能防止棉花落铃，可使马铃薯块茎增大
	甲哌鎓	缩节胺、甲呱啶、助壮素、调节啶、健壮素、缩节灵、壮棉素、棉壮素	对蔬菜等作物具有抑制徒长、促叶片增厚、增强抗逆性、提高坐果率等作用
	多效唑	氯丁唑	抑制秧苗顶端生长优势，促进侧芽（分蘖）滋生。秧苗外观表现为矮壮多蘖，根系发达
杀线虫剂类	溴甲烷	溴代甲烷、一溴甲烷、甲基烷、溴灭泰	用于植物保护，作为杀虫剂、杀菌剂、土壤熏蒸剂和谷物熏蒸剂，但在黄瓜上禁用
	棉隆	迈隆、必速灭、二甲噻嗪、二甲硫嗪	土壤消毒剂，能有效地杀灭土壤中各种线虫、病原菌、地下害虫及萌发的杂草种子
杀软体动物剂类	四聚乙醛	密达、蜗牛散、蜗牛敌、多聚乙醛	防治福寿螺、蜗牛、蛞蝓等软体动物
	杀螺胺	百螺杀、贝螺杀、氯螺消	防治琥珀螺、椭圆萝卜螺、蛞蝓
	甲硫威	灭旱螺、灭梭威、灭虫威、灭赐克	防治软体动物

附录 B 常见计量单位名称与符号对照表

量 的 名 称	单 位 名 称	单 位 符 号
长度	千米	km
	米	m
	厘米	cm
	毫米	mm
面积	公顷	ha
	平方千米（平方公里）	km^2
	平方米	m^2
体积	立方米	m^3
	升	L
	毫升	mL
质量	吨	t
	千克（公斤）	kg
	克	g
	毫克	mg
物质的量	摩尔	mol
时间	小时	h
	分	min
	秒	s
温度	摄氏度	℃
平面角	度	(°)
能量，热量	兆焦	MJ
	千焦	kJ
	焦［耳］	J
功率	瓦［特］	W
	千瓦［特］	kW
电压	伏［特］	V
压力，压强	帕［斯卡］	Pa
电流	安［培］	A

参考文献

[1] 张福墁. 设施园艺学 [M]. 北京：中国农业大学出版社，2001.

[2] 赵德婉. 生姜高产栽培 [M]. 北京：金盾出版社，2008.

[3] 刘冰江，高莉敏，王伟. 生姜高效栽培技术 [M]. 济南：山东科学技术出版社，2012.

[4] 孔娟娟，陈诗平，郭书普. 生姜高产关键技术问答 [M]. 北京：中国林业出版社，2008.

[5] 刘海河，张彦萍. 姜安全优质高效栽培技术 [M]. 北京：化学工业出版社，2012.

[6] 徐坤. 葱姜蒜100问 [M]. 北京：中国农业出版社，2009.

[7] 赵冰. 薯芋类高产优质栽培技术 [M]. 北京：中国林业出版社，1999.

[8] 商鸿生，王凤葵. 蔬菜植保员手册 [M]. 北京：金盾出版社，2009.

[9] 宋元林，等. 马铃薯 姜 山药 芋 [M]. 北京：科学技术文献出版社，1998.

[10] 曹荣利，周绪元，周绪红，等. 出口生姜标准化栽培与保鲜加工技术 [J]. 中国蔬菜，2006 (6)：45-46.

[11] 朱业斌. 有机生姜生产技术 [J]. 科学种养，2009 (5)：23-24.

[12] 潘继慧，罗汉武，周法成. 莱芜生姜保护地栽培增产技术研究 [J]. 农业开发与装备，2013 (3)：58-59.

[13] 王迪轩. 生姜、芋头田，有什么好的除草剂？ [J]. 农药市场信息，2014 (8)：43.

[14] 吴永忠. 生姜连作田病害高发原因及防治对策 [J]. 植物医生，2008，21 (3)：23-24.

[15] 尹恩，韩亚超，陈毛华，等. 蚯蚓粪对生姜连作障碍的影响 [J]. 安徽农业科学，2012，40 (22)：11216-11218.

书　目

书　名	定价	书　名	定价
草莓高效栽培	25.00	番茄高效栽培	35.00
棚室草莓高效栽培	29.80	大蒜高效栽培	25.00
草莓病虫害诊治图册（全彩版）	25.00	葱高效栽培	25.00
葡萄病虫害诊治图册（全彩版）	25.00	生姜高效栽培	19.80
葡萄高效栽培	25.00	辣椒高效栽培	25.00
棚室葡萄高效栽培	25.00	棚室黄瓜高效栽培	29.80
苹果高效栽培	22.80	棚室番茄高效栽培	25.00
苹果科学施肥	29.80	图解蔬菜栽培关键技术	65.00
甜樱桃高效栽培	29.80	图说番茄病虫害诊断与防治	25.00
棚室大樱桃高效栽培	18.80	图说黄瓜病虫害诊断与防治	25.00
棚室桃高效栽培	22.80	棚室蔬菜高效栽培	25.00
桃高效栽培关键技术	29.80	图说辣椒病虫害诊断与防治	25.00
棚室甜瓜高效栽培	29.80	图说茄子病虫害诊断与防治	25.00
棚室西瓜高效栽培	25.00	图说玉米病虫害诊断与防治	29.80
果树安全优质生产技术	19.80	图说水稻病虫害诊断与防治	49.80
图说葡萄病虫害诊断与防治	25.00	食用菌高效栽培	39.80
图说樱桃病虫害诊断与防治	25.00	食用菌高效栽培关键技术	39.80
图说苹果病虫害诊断与防治	25.00	平菇类珍稀菌高效栽培	29.80
图说桃病虫害诊断与防治	25.00	耳类珍稀菌高效栽培	26.80
图说枣病虫害诊断与防治	25.00	苦瓜高效栽培（南方本）	19.90
枣高效栽培	23.80	百合高效栽培	25.00
葡萄优质高效栽培	25.00	图说黄秋葵高效栽培（全彩版）	25.00
猕猴桃高效栽培	29.80	马铃薯高效栽培	29.80
无公害苹果高效栽培与管理	29.80	山药高效栽培关键技术	25.00
李杏高效栽培	29.80	玉米科学施肥	29.80
砂糖橘高效栽培	29.80	肥料质量鉴别	29.80
图说桃高效栽培关键技术	25.00	果园无公害科学用药指南	39.80
图说果树整形修剪与栽培管理	59.80	天麻高效栽培	29.80
图解果树栽培与修剪关键技术	65.00	图说三七高效栽培	35.00
图解庭院花木修剪	29.80	图说生姜高效栽培（全彩版）	29.80
板栗高效栽培	25.00	图说西瓜甜瓜病虫害诊断与防治	25.00
核桃高效栽培	25.00	图说苹果高效栽培（全彩版）	29.80
核桃高效栽培关键技术	25.00	图说葡萄高效栽培（全彩版）	45.00
核桃病虫害诊治图册（全彩版）	25.00	图说食用菌高效栽培（全彩版）	39.80
图说猕猴桃高效栽培（全彩版）	39.80	图说木耳高效栽培（全彩版）	39.80
图说鲜食葡萄栽培与周年管理（全彩版）	39.80	图解葡萄整形修剪与栽培月历	35.00
		图解蓝莓整形修剪与栽培月历	35.00
花生高效栽培	25.00	图解柑橘类整形修剪与栽培月历	35.00
茶高效栽培	25.00	图解无花果优质栽培与加工利用	35.00
黄瓜高效栽培	29.80	图解蔬果伴生栽培优势与技巧	45.00